黏性泥沙絮凝沉降、输移特性及数学模型研究

柴朝晖　王　茜　刘同宦　著

U0253294

黄河水利出版社

·郑州·

内 容 提 要

黏性泥沙广泛存在于河口、湖泊、水库等水体中,同时是河湖底泥的重要组成部分。由于较小的尺寸和显著的电化学特性,黏性泥沙在一定条件下常出现絮凝现象,由此引发异于粗颗粒泥沙的沉降、起动和输移性质,是泥沙动力学、河床演变学、地貌学、水处理等领域的研究重点之一,也是相关工程规划设计中需考虑的重要内容。本书阐述了黏性泥沙絮凝沉降和输移的理论基础,分析了典型河口段黏性泥沙时空变化规律,研究了不同类型黏性泥沙絮凝过程,构建了微观和宏观黏性泥沙絮凝、沉降和输移模型,并结合工程进行拓展性分析。

本书内容既具理论系统性,又有技术实用性,可供从事河流泥沙基础理论、河流泥沙模拟、河湖疏浚淤泥处理等相关人员阅读参考。

图书在版编目(CIP)数据

黏性泥沙絮凝沉降、输移特性及数学模型研究/柴朝晖,王茜,刘同宦著. —郑州:黄河水利出版社,2022.11
ISBN 978-7-5509-3434-4

Ⅰ.①黏… Ⅱ.①柴… ②王… ③刘… Ⅲ.①泥沙沉降-研究 ②泥沙输移-研究 Ⅳ.①TV142

中国版本图书馆 CIP 数据核字(2022)第 216846 号

策划编辑:郑佩佩　　电话:0371-66025355　　E-mail:1542207250@qq.com

出　版　社:黄河水利出版社　　　　　　　　　　　网址:www.yrcp.com
　　　　　　地址:河南省郑州市顺河路黄委会综合楼 14 层　　邮政编码:450003
发行单位:黄河水利出版社
　　　　　　发行部电话:0371-66026940、66020550、66028024、66022620(传真)
　　　　　　E-mail:hhslcbs@126.com
承印单位:河南博雅彩印有限公司
开本:787 mm×1 092 mm　1/16
印张:11
字数:255 千字
版次:2022 年 11 月第 1 版　　　　　　　　印次:2022 年 11 月第 1 次印刷
定价:78.00 元

前　言

　　絮凝是黏性泥沙异于粗颗粒泥沙的最基本特性，是泥沙运动基本理论和规律研究中的难点之一，研究黏性絮凝及其驱动下的沉降和输移过程以及数学模型对科学认识黏性泥沙运动具有重要意义，也是解决水库泥沙、河口地貌演变、河湖疏浚淤泥减量化、水生态环境保护等问题的关键。

　　本书以黏性泥沙絮凝沉降、输移特性为研究对象，综合运用原型资料分析、室内试验、数学模型计算等多种手段开展研究，取得了以下几个方面的研究成果：①阐明了河湖中黏性泥沙絮凝机制、沉降和起动模式，为后续研究提供理论基础；②揭示了长江口典型河段黏性泥沙时空变化规律，加深了对天然水体中黏性泥沙分布的科学认识；③揭示了单因素、双因素和多因素共同作用下黏性泥沙絮凝沉降过程及因素作用强度，为相关工程的规划设计提供基础支撑；④构建了微观尺度的包含碰撞－黏结－破碎全过程的黏性泥沙絮团生长三维数学模型，并考虑了泥沙颗粒表面形态、表面电荷分布等；⑤研发了宏观尺度上基于絮凝动力学的黏性泥沙絮凝沉降模型和二维平面输移模型，并将其应用在实际工程中。

　　本书是在作者学位论文、国家自然科学基金"颗粒形态和表面电荷分布对黏性泥沙絮凝—沉降—再悬浮过程影响研究"、中央级科研院所基本科研业务费"絮凝对河口悬沙浓度垂向分布特性的影响"等成果的基础上编写而成的。武汉大学杨国录教授、清华大学方红卫教授、长江水利委员会长江科学院卢金友正高、范北林正高、姚仕明正高、金中武正高、渠庚正高等同志在作者求学和工作期间及本书撰写过程中给予了关心、支持、鼓励和帮助，在此一并表示衷心的感谢。另外，在研究和撰写过程中，得到国家自然科学基金项目（5160901、U2240206、U2240220）和中央级科研院所基本科研业务费（CKSF2016010/HL、CKSF2022166/HL）的资助，特此致谢。

　　黏性泥沙絮凝沉降、输移问题涉及泥沙运动学、水环境化学、电化学、分形、统计学等多学科理论，非常复杂，限于作者水平和现阶段的认识和研究条件，书中欠妥和错误之处在所难免，敬请广大读者批评指正。

作　者

2022 年 7 月

目　录

第 1 章　绪　论

1.1　研究背景

　　黏性泥沙是黏土、底泥、有机物和水组成的混合物,广泛存在于河流、水库、河口及海岸水体中,同时是河湖淤泥的主要组成部分。一方面,由于黏性泥沙颗粒较细,自身电化学性质显著,在一定条件下会发生碰撞黏结形成泥沙絮团;另一方面,湖泊、河口等地区往往是大城市所在地,大量达标的工业和生活污水会排放到水体中,一定程度上促进黏性泥沙的絮凝,主要原因是现行污水处理方法中加入了大量絮凝剂,如聚苯烯酰胺(PAM)、聚合氯化铝(PAC)、聚合硫酸铁(SPFS)等,虽然这些添加剂能使污水达到排放标准,但也会随达标污水进入天然水体中,促进天然水体中黏性细颗粒泥沙的絮凝。同时,黏性泥沙颗粒(絮团)的比表面积较大,表面能较强,相应吸附性能较好,影响水体中污染物的存在形式及迁移方式。上述这些性质在微观尺度上改变泥沙颗粒存在形式及其粒径分布,在中、大尺度上通过影响泥沙沉降、起动和输移对河口、沿海地区、河湖、水库地形地貌、水生态环境等产生重要影响(方红卫等,2011;Heiliger,2010;Eisma,1986)。

　　对于诸如湖泊、水库等水流条件较弱的区域而言,泥沙絮团的形成改变了泥沙颗粒的沉降性能,进而影响库区泥沙的淤积和使用寿命,降低水库防洪和蓄洪能力,如由于黏性泥沙的淤积,日本 256 座水库(库容大于 100 万 m^3 的水库)的平均寿命仅为 53 年,同时,絮凝造成的泥沙浓度垂向分布变化对取水口及泄水孔的布置也有较大的影响(中华人民共和国水利部西北水利科学研究院等,1983;丁武泉,2010)。对于高含沙河流而言,絮凝将会改变泥沙颗粒的起动模式,使泥沙颗粒除了传统的单颗粒起动外,还会出现群体起动,即所谓的“揭河底”现象,据统计,自 1933 年以来,黄河干流及其支流上发生揭河底现象 20 余次(张金良,2004;江恩惠等,2010;刘大有,1999),为探求这一现象的产生机制,不可避免地涉及黏性泥沙特性的研究。对于河口地区而言,盐、淡水的交汇促进黏性泥沙的絮凝,造成河口地区反常的淤积大量黏性泥沙,改变河口地区的地形地貌(如拦门沙的形成),并且沉积的泥沙絮团表面吸附的营养物质会影响底栖生物的组成和分布(张艳等,2009;吴荣荣等,2007)。对于河湖疏浚淤泥而言,絮团的多孔网状结构改变了疏浚淤泥水分组成,造成含量较多的内部结合水难以除去,影响其后续的处理和处置(季冰等,2010;Förstner 等,1998;刘立新等,1993)。据统计,仅珠江三角洲一带每年产生的疏浚淤泥量就达 8 000 万 m^3,因此要研究妥善处理疏浚淤泥的方法,必须从黏性泥沙絮凝特性入手。此外,目前建立的水沙数学模型中大都未考虑黏性泥沙絮凝和泥沙絮团形态等,虽对普通河流中泥沙冲淤变化预测影响不大,但对黏性泥沙含量较多的河口、水库等区域河床冲淤变化的预测有较大影响。随着数模技术在工程中的广泛应用,对包含黏性泥沙絮凝等特性的完善的水沙数学模型的呼声日益高涨。

1.2　黏性泥沙絮凝研究进展

　　黏性泥沙无机絮凝的研究主要在絮团结构形态、絮团尺寸、絮团强度、外部环境因素影响规律和絮凝过程模拟上。①关于絮团结构形态的研究是从 Mandelbrot 1973 年提出分形理论(分形维数)后逐渐发展起来的。絮团分形维数的大小与其形成条件、过程等密切相关,静水差速沉降形成的絮团分形维数较小(Chen 等,1995),为 1.41~1.81;动水中絮团分形维数随水流剪切率的增加而减小,但不同试验装置得到的分形维数存在一定的差异,旋转圆筒中絮团的分形维数(1.59±0.16)小于搅拌器中形成的分形维数(1.92±0.04)(Logan 等,1995;Huang,1994)。②对于泥沙絮团尺寸而言,高含沙水流中絮团粒径最终将趋近同一值(费祥俊,1992;钱宁,1989);低含沙水流中絮团尺寸大小不一,基本呈正态分布状态(Gratiot 等,2017;Guo 等,1999)。③有关絮团强度主要是沿用胶体絮团研究方法——微观测量和宏观计算,Zhang 等(1999)在微观层面采用受力传感器测量絮团强度、Matsuo 等(1981)采用管道试验直接测量高岭土絮团强度在 $1.4 \times 10^{-10} \sim 5.5 \times 10^{-9}$ N/m^2 变化;Francois(1987)采用絮团破碎前后平均粒径的比值从宏观方面得到絮团强度;Son 等(2009)则将分形维数的概念引入絮团强度计算公式中,得到了考虑絮团形态的强度计算公式。④关于外部环境因素影响规律,主要是分析与天然水体密切相关的泥沙浓度、水流强度、pH 值、水温、盐度等因素单独或两个因素共同作用下的影响规律和机制(Mhashhash,2017;Shin 等,2015;Mietta 等,2009)。⑤随着计算机硬件的发展,数值模拟成为研究黏性泥沙絮凝等特性的重要手段。基于絮凝动力学方程(Smoluchowski,1917),Winterwerp(1998)建立了考虑水流紊动的黏性细颗粒泥沙絮凝模型,Lee 等(2017)构建了黏性泥沙的双峰絮凝模型,柴朝晖等(2012)采用群体平衡法建立了黏性泥沙絮凝-沉降模型。借鉴颗粒扩散受限聚型及其改进模型(Witten 等,1981),杨铁笙等(2005)、Kim 等(2004)模拟了黏性泥沙颗粒的差速沉降絮凝,柴朝晖等(2012)、张金凤等(2013)模拟了黏性泥沙在水流作用下的同向絮凝。

　　有机絮凝近年来备受关注,其包括两种类型,一是在颗粒表面有机裹层影响下的架桥絮凝。有机裹层对絮凝速率的影响与水体中金属阳离子浓度和种类有关。当水体中金属阳离子较低时,有机裹层在水中由于官能团的解离而形成带负电荷的基团,使泥沙颗粒(絮团)之间的电负性增强,静电排斥力增加,泥沙颗粒(絮团)趋于稳定,造成絮凝速率变慢(Liu,2007);当水体中有较多的金属阳离子时,有机裹层的存在将促进黏性泥沙絮凝(Sobeck 等,2002),然而此絮凝机制目前还不是很清楚,一个比较公认的机制是 EPS 二价阳离子架桥理论。该理论认为,二价阳离子(如 Ca^{2+}、Mg^{2+}等)可以在 EPS 之间形成架桥连接,促进黏性泥沙颗粒的絮凝,如图 1-1 所示。此外,有机裹层的影响在小尺寸和大尺寸泥沙絮团(颗粒)上更明显(Maggi 等,2015)。二是胞外聚合物颗粒(TEM)卷捕泥沙絮团(颗粒)形成大尺寸絮团,胞外聚合物颗粒(TEM)粒径为 1~100 μm,密度为 0.7~0.84 g/cm^3(Annane 等,2015;Azetsu-Scott 等,2004)。胞外聚合物颗粒在上升过程中会卷捕周围的黏性泥沙絮团(颗粒)、生物碎屑、微生物、动植物尸体粪便等,形成大尺寸且沉降较快的凝聚体,凝聚体的尺寸可达 500~1 000 μm(Iversen 等,2010;Kiørboe,2001)。关于黏性泥沙 TEM 有机絮凝的研究主要是采用烧杯试验分析 TEM 浓度及各种能产生 TEM 的藻类对这一过程的影响。如 Pardo 等(2015)研究了两种丝状藻类和集群藻类在不同搅拌强度下的有机絮凝过程,其研究结果表明,丝状藻类与黏性泥沙形成的絮团尺寸最小,而集群藻类与黏性泥沙絮凝速度较大且形成的絮团尺寸最大;Lee 等(2017)根据烧杯试验结果分析了 TEM 与黏性泥沙发生凝聚的机制,如图 1-2 所示。

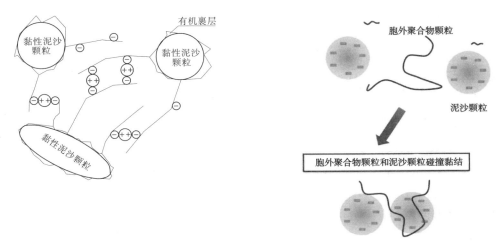

图 1-1　二价阳离子架桥理论示意图　　　　　图 1-2　TEM 与黏性泥沙絮凝示意图

1.3　黏性泥沙沉降研究进展

由于黏性泥沙絮凝的存在,黏性泥沙沉降过程与粗颗粒泥沙有着明显的不同,其沉降速度的计算是核心和热点问题之一。

絮团的沉降速度一般可认为是其重力与下沉过程中受到的阻力达到平衡时等速沉降的值,而重力和阻力与絮团粒径和密度紧密相关,因此,粒径和密度是确定泥沙絮团沉降速度的关键参数。在传统河流泥沙动力学中,一般采用等容粒径、算术平均粒径和几何平均粒径等方法进行计算,但是这些粒径定义是建立在将泥沙颗粒近似为椭圆球体的假设上,无法直接用于计算形状较为复杂的黏性泥沙絮团(方红卫,2009)。随着观测手段和分形理论等的发展,学者们开始利用扫描电镜和分形维来计算当量絮团粒径(余立新等,2020;Vahedi 等,2012;柴朝晖等,2012;Imre,2006),但是使用扫描电镜只能得到某一时刻絮团图像,并不能反映沉降过程中絮团变化对粒径的影响,赵金箫等(2017)则从絮团沉降过程中的受力分析出发,结合分形理论,提出了一套新的絮团粒径定义方法。对于絮团密度而言,其与组成絮团的分散态泥沙颗粒不同,絮团的密度会随着絮团的成长而相应地发生变化,且由于组成絮团颗粒形态碰撞黏结方式的不同,絮团结构松散,其孔隙率较高,甚至超过 90%(Manning 等,2007;钱宁等,2003;关许为等,1992)。同时,孔隙率随着絮团粒径的增大会逐渐增大,相应的密度会随着粒径的增大而逐渐减小。絮团密度的计算也是在分形理论出现后逐渐发展起来的,如 Kranenburg(1994)提出利用三维分形维数描述絮团有效密度和粒径之间的关系,理论上来讲,絮团三维分形维数越大,絮团结构越疏松,稳定性越高,絮团有效密度越大。当絮团粒径和密度确定后,代入已有沉速计算公式,即可得到絮团沉速随絮团粒径和分形维数变化的表达式。当组成絮团的单颗粒粒径变化不大时,若絮团分形维数保持不变,则絮团沉速与絮团粒径大小呈正相关。但是,由于组成絮团的单颗粒或絮凝环境条件的不同,絮团的分形维数并非固定不变,絮团沉速与絮团粒径之间的关系也不是固定的(郭超,2018;Kumar 等, 2010;Khelifa 等,2006)。

1.4　黏性泥沙输移研究进展

关于黏性泥沙垂向输移中的沉降和再悬浮,水利学科的相关研究包括两部分:①利用天然黏性泥沙进行单因素影响试验,分析与天然水体密切相关的泥沙浓度、水温、电解质等外部因素对黏性泥沙沉降及再悬浮的影响规律,用于指导工程规划建设(杨耀天,2017;蒋国俊等,2002);②建立理论或半经验的黏性泥沙沉降公式和黏性泥沙再悬浮公式(方红卫等,2012;Lick, 2009;Lau 等, 1992),为相关工程计算、数学模型预测等提供依据。地球学科中则主要通过实测资料分析和数值模拟方法研究黏性泥沙再悬浮及其对河口地貌的影响,如 Winterwerp 等(2012)将泥沙再悬浮分为表面泥沙再悬浮、泥沙絮团再悬浮和整体侵蚀三种类型,初步分析了三种侵蚀类型的形成机制;Son 等(2011)基于前人研究成果,通过建立黏性泥沙再悬浮模型研究了絮凝对黏性泥沙再悬浮的影响;刘红等(2012)利用长江口实测资料探讨了再悬浮对长江口地貌及近底悬沙浓度的影响。

关于黏性泥沙垂向分布的研究主要集中在河口悬沙上,最早是由 Kirby 等(1983)提出泥跃层的概念来阐述的。目前,研究河口悬沙浓度垂向分布的手段主要有实测资料分析、试验研究及数值模拟。在实测资料分析和试验研究方面,时钟等(1999)利用声学悬沙观测系统分析了长江口悬沙垂向浓度分布特性,研究发现,河口悬沙浓度垂向分布变化明显,中部或近底处的悬沙浓度较高,且涨潮时,悬沙浓度垂向梯度较小,河口悬沙浓度垂向分布主要由悬沙沉速及紊动扩散系数决定。随着 Rouse 公式的广泛应用,学者们大都采用 Rouse 公式作为河口悬沙浓度垂向分布规律的基本拟合公式,并基于此公式推求河口悬沙扩散系数、沉速等参数,如朱传芳(2007)通过 Rouse 公式拟合试验数据研究了河口悬沙扩散系数;时钟(2004)、杨云平等(2012)基于 Rouse 公式研究了长江口悬沙沉速。然而,王元叶(2004)提出河口的水动力条件与 Rouse 公式的假设条件并不符合,Rouse 公式并不能反映河口悬沙垂向分布规律,且这些研究中均未考虑河口泥沙絮凝作用的影响,因此 Rouse 公式能否反映河口悬沙垂向分布规律值得深入研究。在河口悬沙浓度垂向分布数值模拟方面,研究者们主要是建立垂向一维数学模型分析河口悬沙浓度垂向分布特性。目前建立的悬沙垂向一维数学模型均以对流扩散方程为基础,不同的数学模型之间的主要区别在于悬沙沉速和垂向扩散系数的选择上,如徐健益等(1995)基于传统泥沙沉降公式建立了长江口南支垂向分层数学模型;时钟等(2000)采用考虑絮凝的半经验沉速公式模拟了长江口北槽口外悬沙浓度垂向变化规律,但这些模型沉速计算中要么未考虑河口悬沙絮凝的影响,要么采用简单的拟合沉速公式,且均未考虑河口悬沙絮凝造成的泥沙粒径分布的变化、泥沙絮团强度的变化等对悬沙浓度垂向分布的影响。

对于黏性泥沙平面输移而言,主要是建立黏性泥沙平面二维模型和三维模型,在河口地区应用较多(雷文韬等,2013;Gourgue 等,2013;Nam 等,2009;陆永军等,2004)。

1.5 主要研究内容

本书综合运用原型资料分析、室内试验、数学模型计算等多种手段,系统阐述了黏性泥沙絮凝沉降和输移理论基础,分析了长江口典型河段黏性泥沙时空变化特征,研究了河湖黏性泥沙(淤泥)絮凝沉降过程,构建了微观和宏观尺度的黏性泥沙絮凝、沉降及输移模型,并将其应用在实际中。按照上述思路,本书共分为 8 章,各章节主要内容如下:

(1)第 1 章为绪论。首先简要叙述了本书研究的背景和意义,然后分析了黏性泥沙絮凝、沉降和输移方面的研究现状,并提出了本书的思路和研究内容。

(2)第 2 章为黏性泥沙絮凝沉降输移理论基础。系统阐述了黏性泥沙组成、形态、带电机制、絮凝机制、沉降和起动模式等。

(3)第 3 章为长江口典型河段黏性泥沙时空变化特征研究。主要是利用实测资料和理论计算,以悬沙浓度等为指标,分析了长江口通州沙河段、徐六泾河段、河南北支河段黏性泥沙时空分布规律。

(4)第 4 章为河流黏性泥沙絮凝沉降试验研究。主要是利用同轴旋转圆筒产生运动水流,进行了典型河流黏性细颗粒泥沙絮凝沉降试验,深入研究了电解质、高分子聚合物、初始含沙量、水流强度、深度等因素单独或综合作用对河流黏性泥沙絮凝沉降特性的影响规律。

(5)第 5 章为湖泊淤泥絮凝沉降试验研究。以武汉沙湖、官桥湖、南湖 3 个湖泊淤泥为研究对象,通过沉降筒试验,研究了湖泊淤泥在自然状态下和加入高分子絮凝剂聚丙烯酰胺(PAM)状态下的絮凝沉降过程,分析了泥沙粒径分布、初始含沙量及高分子聚合物对河湖淤泥絮凝沉降特性的影响规律,并探讨了沉降筒尺寸对试验结果的影响。

(6)第 6 章为黏性泥沙絮团生长微观数学模型及应用。基于扩散受限絮团聚集生长模型和反应受限絮团聚集生长等模型,构建了黏性泥沙絮团生长微观数学模型,对不同驱动下的絮团生长过程进行了研究,并将模型用于机制和规律研究及工程实际中。

(7)第 7 章为黏性泥沙絮凝沉降动力学模型及应用。融合絮凝理论、分形理论和泥沙输移理论,建立了黏性泥沙絮凝沉降动力学模型,开展了静水和动水环境下黏性泥沙絮凝沉降过程中絮团体积、粒径分布等的变化特征研究。

(8)第 8 章为基于絮凝动力学的黏性泥沙二维输移模型及应用。以絮凝动力学模型为基础,采用破开算子法,构建了黏性泥沙二维输移模型,并将其用在长江口某管廊工程局部河床冲淤计算中。

第2章 黏性泥沙絮凝沉降输移理论基础

2.1 黏性泥沙组成

河流泥沙按照粒径大小可分为：黏粒、粉粒、沙粒、砾石、卵石和漂石（见表2-1）。其根源上来自岩石风化，岩石受物理风化作用后一般形成粗颗粒，其矿物组成与原岩相同；细颗粒（粒径<0.062 mm）则是岩石受化学风化作用后的产物，主要由高岭石、蒙脱石、伊利石等黏土矿物组成（王兆印等，2007）。由于细颗粒泥沙自身的物理化学性质，会吸附天然水体中的有机物、微生物等物质到泥沙颗粒表面，同时根据泥沙絮凝临界粒径（0.03 mm），本书所述的黏性泥沙是指由黏粒和部分粉粒、有机物以及水等组成的复杂混合物。

表2-1 河流泥沙粒径分组

类别	黏粒	粉粒	沙粒	砾石	卵石	漂石
粒径范围/mm	< 0.004	0.004~0.062	0.062~2.0	2.0~16.0	16.0~250.0	> 250.0

注：此表节选于《河流泥沙颗粒分析规程》（水利部，2010）。

2.2 黏性泥沙形态

以往对泥沙运动的研究偏重于重力、水流、波浪等作用下的泥沙整体运动，常将泥沙概化为质点或特定形状的几何体，用粒径、圆度、球度、形状系数等描述，这些描述泥沙颗粒的方法在传统泥沙动力学中得到了广泛的应用。然而，黏性泥沙颗粒表面结构形态复杂，且黏性泥沙絮凝、沉降和输移特性与其微观特性息息相关，这些传统描述方法受到了较大的限制。

鉴于此，方红卫等（2009）借用地球表面形态理论，采用二次曲面方法来描述泥沙颗粒表面形貌。根据二次曲面的基本特性，高斯曲率反映曲面的一般弯曲程度，平均曲率反映一个曲面嵌入周围空间的曲率，依据这两个曲率的性质可将颗粒表面的形态结构分为凹地、凸起、凹槽、凸脊、平点、鞍部（见表2-2），具体为：

（1）高斯曲率>0，曲面沿所有方向都朝向同一侧弯曲，该点为椭圆点。平均曲率>0，该点为凹点，对应颗粒形貌则是凹地；平均曲率<0，该点为凸点，对应颗粒形貌则是凸起。

（2）高斯曲率=0，平均曲率≠0，主方向的两条法截线中有一条朝法向量的正向或反向弯曲，另一条主方向为渐进方向，该点为抛物点，平均曲率>0，对应颗粒形貌是凹槽；平均曲率<0，对应颗粒形貌则是凸脊。

（3）高斯曲率=0，平均曲率=0，主曲率均为0，该点为平点，局部平坦。

（4）高斯曲率<0，主方向的两条法截线中，有一条朝法向量的反向弯曲，另一条朝法

向量的正向弯曲,该点为双曲点。曲面在双曲点临近的形状近似于双曲抛物面,对应颗粒形为鞍部。

表 2-2　颗粒表面形态结构分类

高斯曲率	平均曲率	几何结构	形态结构
>0	>0	椭圆点	凹地
>0	<0		凸起
= 0	>0	抛物线点	凹槽
= 0	<0		凸脊
= 0	= 0	平点	平点
<0	—	双曲点	鞍部

　　此外,1973 年 Mandelbrot 提出的分形理论为研究黏性泥沙颗粒形态提供了一种新的契机,分形描述方法既能描述颗粒的外形轮廓,也可以描述颗粒表面的粗糙度、孔隙特征等,采用分形理论中的分形维数研究黏性泥沙形态特征得到了广泛的应用。对于黏性泥沙絮团分形维数,考虑到扫描电镜是通过逐点扫描泥沙絮团而获得絮团微观结构及形貌信息,泥沙絮团离光源越近,灰度值越大,离光源越远,灰度值越小,虽然此值并不是距离值,但在一定程度上能反映絮团的结构形态(安韶山等,2008;Buscombe 等, 2008),笔者提出了一套基于利用灰度值重建泥沙絮团三维结构,进而采用盒计数法计算三维分形维数的方法,具体如下:

　　(1)将絮团 SEM 图像从 RGB 模式转变为灰度模式,并去掉图像上的无用信息;

　　(2)基于每个像素点的灰度值,重建絮团三维结构,如图 2-1 所示;

　　(3)对絮团三维重建图进行差分覆盖,差分覆盖法的原理如图 2-2 所示,首先定义覆盖泥沙絮团三维图像的盒子为 $B_1 \times B_1 \times h_1$ 的长方体,然后将絮团三维图像划分成 $Q_K \times Q_K$ 个子区域($Q_K = [M/B_K]$,其中 M 为絮团图像的平面尺寸),进而任意选取某一区域,根据该区域灰度值计算得到 h_1($h_1 = I_{max} \times B_K / M$,其中 I_{max} 为图像灰度最大值),进而得到覆盖该区域所需的盒子数 n_k,遍历其他区域,可得到覆盖所用盒子总数 N_K。改变盒子的 B_K,可得到一系列的(B_K, N_K);

　　(4)根据得到的(B_K, N_K)利用盒计数法的思想计算絮团三维分形维数,计算公式如下:

$$D_F = \lim_{B_K \to 0} \frac{\lg N_K}{- \lg B_K} \tag{2-1}$$

2.3　黏性泥沙带电机制

　　黏性泥沙颗粒的表面电荷主要来自三个方面,一是由晶格缺陷和同晶替代产生的永久电荷;二是由表面化学反应(主要是与 H^+、OH^- 的反应)产生的表面质子电荷;三是由表面络合疏水物质或表面活性剂产生的络合电荷(Stumm,1992),且众多测量结果表明黏性

(a)某絮团SEM图　　　　　　　　　　　(b)三维重建图

图 2-1　某泥沙絮团 SEM 图像三维重建前后对比(放大 2 000 倍)

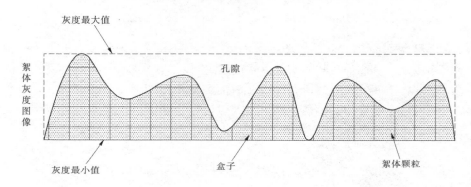

图 2-2　差分覆盖法计算示意图

泥沙颗粒表面一般带负电(黄荣敏等,2007;Neihof 等, 1972)。黏性泥沙颗粒表面带电后,不仅会排斥水体中的正离子(同电荷离子),而且会吸引水体中的反离子(异电荷离子),从而使泥沙颗粒附近的反离子浓度较高、正离子浓度较低,相反,溶液中的反离子浓度较低,正离子浓度较高。在这种情况下,颗粒表面所带的电荷和溶液中的正离子就形成了双电层结构。目前,双电层结构主要有三种类型:Helmholtz 平板电容器模型、Gouy-Chapman 扩散双电层模型和 Stern 模型(常青等,1993)。其中,Helmholtz 平板电容器模型是最早建立的模型,虽然该模型能较好地解释带电颗粒的电动现象,但无法区分表面电位和电动电位,Gouy-Chapman 扩散双电层模型和 Stern 模型则是较合理的改进模型,但 Stern 模型主要用于定性分析,定量计算存在较大困难,故在实际中应用较少。

　　Gouy-Chapman 扩散双电层模型的双电层结构由内部的吸附层、中部的滑动面和外部的扩散层三部分组成(见图 2-3)。吸附层是反离子聚集地,反离子浓度较高;扩散层中离颗粒表面越远,反离子浓度越低,其边界位于正反离子浓度相等的位置;滑动面是吸附层和扩散层的分界面。为了能定量计算,模型中做以下假设:

　　(1)　颗粒表面是无限大的平面;

　　(2)　溶液中的粒子是服从 Boltzman 分布的点电荷,且能靠近颗粒表面;

　　(3)　颗粒表面电荷均匀分布;

　　(4)　溶剂为均匀介质,介电常数处处相同。

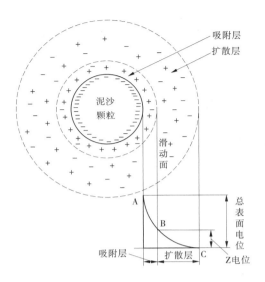

图 2-3　Gouy-Chapman 扩散双电层模型示意图

在上述假设的基础上,当水体中只存在一种对称型电解质时,根据 Boltzman 分布定律,可得到双电层内任一点的离子浓度为

$$\left.\begin{aligned} n^+ &= n_0 \exp\left(\frac{-z'\mathrm{e}\phi}{K_B T}\right) \\ n^- &= n_0 \exp\left(\frac{-z'\mathrm{e}\phi}{K_B T}\right) \end{aligned}\right\} \tag{2-2}$$

式中:n^+ 和 n^- 为双电层中某点的阳离子和阴离子浓度;n_0 为平均静电力为零的无穷远处的阳离子和阴离子浓度;z' 是化合价;e 是电子电荷;ϕ 为某点电位;K_B 为 Boltzmann 常数;T 为绝对温度。其中,电位 ϕ 的计算过程如下:

双电层中某点电位 ϕ 满足

$$\frac{\mathrm{d}^2 \phi}{\mathrm{d}x^2} = \frac{2\pi \mathrm{e} n_0}{\varepsilon_1} \sinh\left(\frac{z'\mathrm{e}\phi}{K_B T}\right) \tag{2-3}$$

式中:ε_1 为介质介电常数。

考虑到双电层结构中表面电位一般较低,$\sinh\left(\dfrac{z'\mathrm{e}\phi}{K_B T}\right) \approx \dfrac{z'\mathrm{e}\phi}{K_B T}$,式(2-2)可化简为

$$\frac{\mathrm{d}^2 \phi}{\mathrm{d}x^2} = \frac{2\pi \mathrm{e} n_0}{\varepsilon_1} \frac{z \mathrm{e}'\phi}{K_B T} = k_2^2 \phi \tag{2-4}$$

式中:$k_2 = \left(\dfrac{2n_0 z^2 \mathrm{e}^2}{\varepsilon K_B T}\right)^{\frac{1}{2}}$。

解式(2-4)可得双电层中某点电位:

$$\phi = \phi_0 \mathrm{e}^{-\kappa x} \tag{2-5}$$

式中:ϕ_0 为颗粒表面电位。

对于颗粒表面电荷分布情况,之前多数是假定泥沙颗粒表面电荷均匀分布,通过电荷总量来反映颗粒带电情况。清华大学方红卫团队发现泥沙颗粒表面电荷的分布与泥沙颗粒表面形态有较大关系,在以高斯曲率、平均曲率及非球状曲率为参数定量描述泥沙颗粒表面形态的基础上发现,黏性泥沙颗粒表面的电荷分布是不均匀的,电荷在其凸起、凹地部分分布较多(Chen 等,2013;黄磊等,2012;方红卫等,2009)。

2.4　黏性泥沙絮凝机制

带电黏性泥沙可以发生于各种原因引起的碰撞和接触过程中,由于微观作用力引起的泥沙颗粒聚集,发现絮凝现象,絮凝是黏性泥沙颗粒的重要性质之一,也是河流泥沙运动规律研究中的难点。根据絮凝颗粒性质的不同,黏性泥沙絮凝可分为无机絮凝和有机絮凝两大类(见图 2-4),实际上两类絮凝一般是同时发生的。

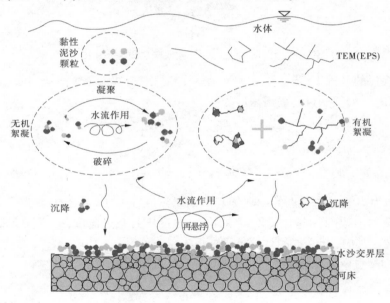

图 2-4　黏性泥沙絮凝过程示意图

2.4.1　碰撞机制

黏性泥沙的絮凝过程是碰撞—黏结—破碎的动态循环过程(需要指出的是静水中是碰撞—黏结的动态过程)。根据泥沙可能所处的环境,导致黏性泥沙碰撞的机制可归纳为四种:布朗运动、差速沉降、水流作用和吸附架桥。

2.4.1.1　布朗运动

布朗运动是指颗粒在介质中做连续无规则的运动,粒径为 $100\ nm \sim 1\ \mu m$ 的颗粒布朗运动较明显。此范围内的泥沙颗粒在布朗运动的作用下会发生碰撞,其碰撞形式如图 2-5 所示。但对于黏性细颗粒泥沙而言,粒径大多远大于 $1\ \mu m$,因此与其他碰撞机制相比,布朗运动对黏性泥沙碰撞频率的影响较小。

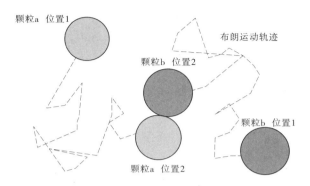

图 2-5　布朗运动下泥沙颗粒碰撞机制示意图

2.4.1.2　差速沉降

　　天然状态下的黏性泥沙大小不一、形态各异,相应其沉降速度也不同,主要表现为大颗粒沉降较快,小颗粒沉降较慢,且黏性泥沙絮凝形成絮团后沉速也发生变化。因此,在泥沙沉降过程中,沉速较大的颗粒(絮团)会与其下方沉降较慢的颗粒(絮团)碰撞在一起(见图 2-6)。差速沉降是水流条件较弱的水库、湖泊等区域中黏性泥沙或胞外聚合物颗粒碰撞的主要机制。

2.4.1.3　水流作用

　　天然河流中水流一般是紊流。水流的紊动作用不仅能使水体间相互掺混,而且会造成水流垂向流速分布不均,使不同深度的水流流速大小不同,而黏性泥沙粒径较小,对水

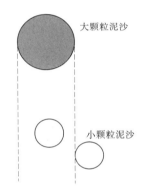

图 2-6　差速沉降作用下泥沙
颗粒碰撞机制示意图

流的跟随性较好,因此泥沙颗粒在随水流运动过程中,不同深度的泥沙运动速度不同,从而使运动速度较快的泥沙颗粒(絮团)追赶上运动速度较慢的颗粒(絮团),进而发生碰撞(见图 2-7),水流作用是天然河流中黏性泥沙碰撞的主要机制。

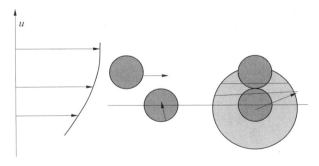

图 2-7　水流作用下泥沙颗粒碰撞机制示意图

2.4.1.4　吸附架桥

　　水体中常常存在有机物等高分子聚合物,如随达标污水排入天然水体中的聚丙烯酰胺或动植物腐烂形成的有机物,且在水中常以链状形式存在。当此类物质的某一部分碰

到泥沙颗粒时,其表面所带的化学基团会
与泥沙颗粒发生化学反应,将泥沙颗粒吸
附在其表面,高分子聚合物的其余部分则
继续发生类似的吸附作用,从而使泥沙颗
粒不断地吸附在高分子聚合物上,最终形
成以高分子聚合物为桥梁的泥沙絮团,吸
附架桥过程如图 2-8 所示。但需注意的是,
高分子聚合物的量对其吸附架桥能力的影
响很大,当水体中高分子聚合物含量超过
一定程度时,高分子聚合物会卷集到某个

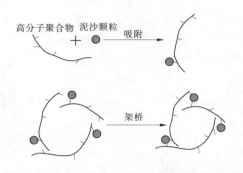

图 2-8　高分子聚合物吸附架桥碰撞机制示意图

泥沙颗粒表面或自身蜷缩在一起,失去吸附架桥能力。

2.4.2　黏结机制

　　根据 Deryagin、Landau、Verwey、Overbeek 提出的 DLVO 理论可知,黏性泥沙颗粒碰撞
后能否发生黏结,取决于颗粒之间的吸引能和排斥能孰大孰小。吸引能主要在两个永久
偶极子之间、永久和诱导偶极子之间及诱导偶极子之间产生;排斥能则在颗粒的双电层发
生重叠,双电层的电荷及电位分布发生变化后而产生。

　　两个泥沙颗粒靠近过程中,在吸引能和排斥能相互作用下会形成一条综合位能曲线
(见图 2-9),曲线上存在第一极小值、势垒和第二极小值 3 个极值点。从图 2-9 中可以看
出:第一极小值和第二极小值点为负值,综合位能表现为吸引能,势垒为正值,综合位能表
现为排斥能。泥沙颗粒碰撞后,只要两颗粒间的距离小于第二极小值所对应的距离,两颗
粒就会黏结在一起,但间距大于势垒所对应的距离时,属于不稳定黏结,在水流剪切或其
他作用下黏结会重新分开,只有碰撞颗粒间的距离小于第一极小值所对应的距离时,颗粒
才会紧密地黏结在一起,形成稳定结构。

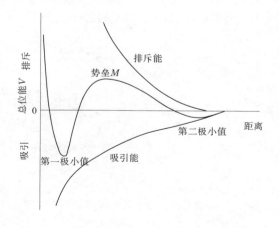

图 2-9　颗粒碰撞形成的综合位能曲线

当泥沙颗粒表面存在高分子有机物时,黏性泥沙颗粒会以高分子有机物为媒介发生架桥絮凝,有机架桥絮凝主要是改变了颗粒之间的黏结方式,也就是改变了颗粒之间的碰撞效率。泥沙颗粒表面在有机物存在的情况下的三种可能黏结模式(见图 2-10)如下:

(1)当两个颗粒碰撞时,碰撞位置处无有机物存在,在这种情况下,颗粒黏结的作用力主要是由范德华力和静电斥力决定,其碰撞效率与无机絮凝计算方法相同;

(2)当两个颗粒碰撞时,其中一个颗粒的碰撞位置表面存在有机物,这是有机架桥絮凝的一种方式,此时范德华力将需考虑有机物的影响;

(3)当两个颗粒碰撞时,两个颗粒的碰撞位置表面均存在有机物,这是有机架桥絮凝的另一种方式,此时颗粒之间的黏结力起主要作用的是高分子有机物。

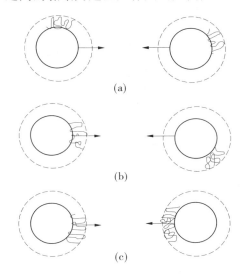

图 2-10 有机架桥絮凝黏结的三种可能模式

2.4.3 絮团破碎机制

若絮凝只是碰撞—黏结无限的循环,泥沙絮团尺寸理论上应能达到无限大,然而絮团达到一定尺寸后将不再增大,即使形成尺寸很大的絮团,最终也会破碎,因此,学者们便提出了絮团强度的概念。所谓絮团强度是指絮团所能承受的最大外部作用力,当絮团受到的外部力大于此值时,絮团便会破碎成小絮团。絮团破碎机制主要包括拉力和剪切力破碎(Jarvis 等,2005),如图 2-11 所示,对于天然水中的黏性泥沙絮团而言,水流形成的剪切力破碎是其破碎的主要机制。对于絮团破碎方式而言,泥沙絮团在水流剪切力作用下有三种破碎方式:二元破碎(絮团破碎后生成两个大小相似的子絮团)、三元破碎(絮团破碎成一个大子絮团和两个小子絮团)及正态破碎(絮团破碎生成的子絮团呈正态分布)(Chen 等,1990),如图 2-12 所示。

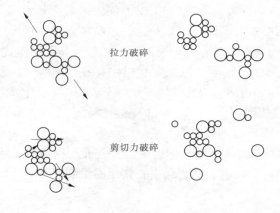

图 2-11　絮团破碎机制

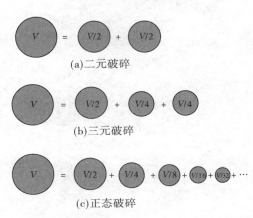

图 2-12　泥沙絮团破碎方式

2.5　黏性泥沙沉降模式

黏性泥沙在水中的沉降模式根据其浓度可分为两种：一是分散式沉降，即黏性泥沙以颗粒或絮团形式沉降；二是絮网式沉降，即泥沙颗粒不论粒径大小，均具有同一静水沉降速度。

对于分散式沉降模式，未发生絮凝的颗粒将以单颗粒的形式沉降，采用传统的粗颗粒泥沙沉速计算公式即可；已发生碰撞黏结形成絮团，其沉降速度是其重力与下沉过程中受到的阻力达到平衡时等速沉降的值，主要取决于絮团粒径及其有效密度，但与组成絮团的原始分散态泥沙颗粒不同，絮团的有效密度是随着絮团的发育而相应的发生改变，与絮团形态、粒径大小、孔隙率密切相关，可与絮团分形维数联系在一起，进而计算出絮团沉降速度。

在泥沙颗粒下沉过程中，在周围引起水流向上流动，而处于回流中的其他泥沙颗粒的有效沉降速度将下降；相邻泥沙颗粒引起水流紊动，引起拖曳力变化。对于黏性泥沙而言，泥沙颗粒相互吸引，絮凝造成泥沙沉降速度改变，泥沙浓度的增加或介质条件复杂时，导致含沙水体密度增加,浮力增大,泥沙颗粒发生群体沉降(许春阳等,2022)。关于黏性泥沙群体沉降速度的计算方法,大致可以分为两类:第一类是基于 Richardson 的粗沙群体沉降公式,在其推导过程中假设泥沙颗粒均匀分布,且通过 Richardson-Zaki 指数,包含所有引起泥沙沉降速度改变的因素,如含沙水体黏性、含沙水体浮力、颗粒间相互作用等(Winterwerp,2002;Mehta,1993);第二类是组合式沉降法,即通过着重考虑影响制约沉速过程的三种主要因素,进而得到黏性泥沙群体沉速计算公式(Julien 等,2014;Dankers 等,2007)。

2.6 黏性泥沙起动模式

黏性泥沙颗粒细,比表面积很大,具有特殊的絮凝、电化学性质。黏性泥沙细颗粒之间的结合力使得黏性泥沙起动所需要克服的力发生变化,而且起动后的颗粒在水流条件不变的情况下可能会再发生絮凝沉降,因此黏性泥沙起动(再悬浮)表现出与粗颗粒泥沙起动不同的性质。根据其结构形态,初沉泥沙絮团、黏性泥沙固结体表现出不同的起动模式。

2.6.1 初沉泥沙絮团起动模式

对于初沉泥沙絮团而言,初沉泥沙在絮团结构和絮网的影响下会在床面上形成一个较大的浑浊带,此浑浊带中黏性泥沙主要仍以絮团形式存在,其起动模式可分为两种(如图 2-13 所示):①在床面紊动水流的作用下,大尺寸的初沉泥沙絮团颗粒间的结合会逐渐松弛,当内部的结合一旦被破坏,絮团便会破碎,将会出现黏性颗粒的起动,这种情况主要发生在静水或水流条件较弱水体中形成的黏性泥沙床面,主要原因是:在静水或水流条件较弱的水体中,絮凝沉降下的床面浑浊层中初沉泥沙絮团较大(见图 2-14),絮团强度相对较弱,当运动水流产生的剪切力超过絮团强度时,絮团发生破碎,如前所述,泥沙絮团破碎后会形成大小、形态不一的子絮团(颗粒),当子絮团(颗粒)受到的上升力大于其重力时,将会出现起动现象。②对于强度较大的絮团,当脉动水流产生的上升力大于絮团自身重力时,将会以絮团整体发生起动,这种情况主要发生在紊动水流条件下形成的床面。

研究黏性泥沙起动不可避免地要研究其临界切应力,对于初沉泥沙絮团而言,静水条件下形成的床面的临界切应力小于动水条件下形成的(见图 2-15),主要原因是:静水条件下形成的初沉泥沙絮团结构松散、强度较小,而动水条件下形成的结构较密实,强度较大,在相同的水流剪切力作用下,静水条件下形成的初沉泥沙絮团会发生模式①的再悬浮,而动水条件下的絮团由于强度和有效重力较大不会发生整体起动,从而造成静水条件下形成的床面的临界切应力小于动水条件下形成的,并且水流强度越大,相应的临界剪切应力越大,值得注意的是,以上结论要求水流强度在某一值以下。

2.6.2 固结黏性泥沙起动模式

初沉泥沙在床面淤积后,随着固结时间的延长,组成泥沙絮团的颗粒之间的距离将逐渐缩小,黏性泥沙颗粒之间的黏结力的作用将逐步增大,形成固结程度较高的淤积体,黏

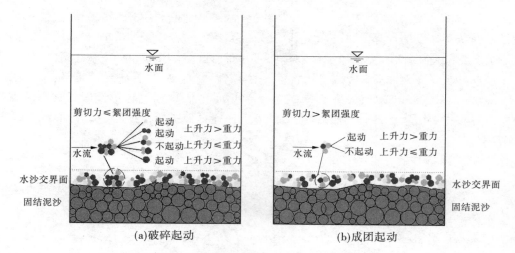

图 2-13　初沉黏性泥沙絮团起动模式示意图

图 2-14　静水条件下黏性泥沙沉降及初沉泥沙絮团形态照片

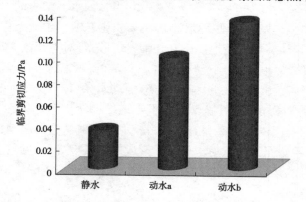

图 2-15　静水和动水中形成的初沉泥沙床面临界剪切应力变化
（动水 a 和动水 b 分别表示运动水体的 $\tau = 0.04\ \mathrm{Pa}$ 和 $\tau = 0.07\ \mathrm{Pa}$）

结力是影响其起动的主要因素。由于黏性泥沙颗粒表面形态复杂,颗粒之间可能与点-点、点-面、面-面等多种方式接触在一起,这种接触方式会导致颗粒之间的黏结力大小不一,也就是说不同的淤积体内部颗粒之间的黏结力是不一样的,在受到水流剪切力作用时,颗粒之间黏结力较小的淤积体会发生破坏,首先表面多处出现裂缝,并伴有悬浮颗粒冲起,随后裂缝的尺度逐渐发展,直至裂缝处的土体被成团掀开,因此对于固结泥沙而言,其起动模式主要是较强的成团再悬浮。

对于黏性泥沙固结床面而言,随着淤积历时的延长,黏性泥沙再悬浮临界切应力也逐渐增大,如静水条件下,初沉泥沙、固结 3 d、固结 7 d 后的再悬浮临界切应力分别为 0.035 Pa、0.15 Pa 和 0.27 Pa。

2.7　小　结

(1)黏性泥沙是指由黏粒和部分粉粒(高岭石、蒙脱石、伊利石等黏土矿物组成)、有机物以及水等组成的复杂混合物,其表面一般带负电,颗粒表面所带的负电荷会与水体中的正离子形成双电层结构。

(2)对于静水环境而言,极细泥沙颗粒的碰撞机制主要是布朗运动;当泥沙粒径大于 1 μm 时,差速沉降则是碰撞的主要机制。对于动水环境而言,差速沉降和水流作用是碰撞的主要机制。此外,当水体中存在高分子聚合物时,吸附架桥作用也是泥沙颗粒碰撞机制之一。

(3)泥沙颗粒碰撞后能否黏结在一起取决于颗粒(絮团)碰撞后的间距。当颗粒(絮团)间距大于第二极小值所对应的间距时,将不会黏结在一起;当间距在第一极小值和第二极小值所对应的间距之间时,碰撞颗粒(絮团)会黏结在一起,但属于不稳定黏结,在外力作用下极易破碎;只有当间距小于第一极小值所对应的间距时,碰撞颗粒(絮团)才会稳定黏结在一起。

(4)水流形成的剪切力破碎是黏性泥沙絮团破碎的主要机制,絮团破碎方式包括二元破碎、三元破碎和正态破碎。

(5)黏性泥沙沉降模式可分为分散式沉降和絮网式沉降两种。其起动模式根据其结构形态和起动方式可分为破碎起动和成团起动两种。

第3章　长江口典型河段黏性泥沙时空变化特征研究

在黏性泥沙絮凝、沉降及输移过程研究中,黏性泥沙时空变化特征是一个核心问题,而且是较复杂的问题,其不仅是研究河口悬移质输沙率及水流挟沙力的基础,而且是分析河床冲淤特性的依据(徐思思等,2012),因此本章根据实测资料和数值模拟初步研究了长江口典型河段黏性泥等时空变化特征。

3.1　研究区域

以通州沙河段、徐六泾河段和南北支河段14个典型测点(CT1～5、NZ6、SZ7～8)大、中、小潮期间的潮位、流速、流向、含沙量、床沙级配的时间序列资料为基础,分析了长江口黏性泥沙时空变化特征,测点地理位置信息见图3-1和表3-1。其中,潮位采用自记潮位仪进行观测。使用声学多普勒流速仪ADCP进行流速和流向测量,现场观测期间将ADCP悬挂于船舷一侧,ADCP换能器置于水面下0.5 m。悬移质含沙量试验采用烘干称重法,水样处理前,先静置沉淀,直至上部清水中不含泥沙时再将样品浓缩并注入烧杯中,然后进行洗盐处理,最后,将浓缩沙样烘干称重后计算出测点含沙量,称重采用1/10 000电子天平。

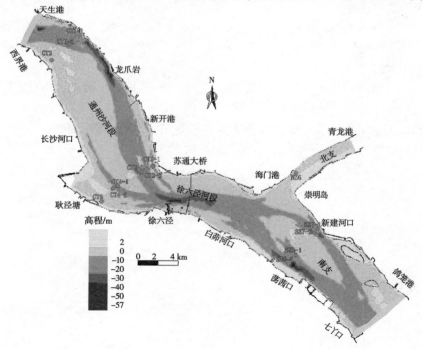

图3-1　研究区域及观测点分布

表 3-1　观测点位置统计

序号	取样点	纬度	经度	所在位置
1	CT1-1	32°00′18.63″	120°48′51.60″	通州沙东水道
2	CT1-2	31°59′27.52″	120°47′47.23″	
3	CT2	31°58′09.69″	120°46′08.99″	通州沙西水道
4	CT3-1	31°49′27.92″	120°56′08.02″	狼山沙东水道
5	CT3-2	31°49′12.82″	120°55′36.12″	
6	CT3-3	31°48′58.44″	120°55′06.72″	
7	CT4-1	31°47′50.44″	120°52′48.90″	狼山沙西水道
8	CT4-2	31°47′37.03″	120°52′22.61″	
9	CT5	31°46′33.07″	120°51′14.99″	福山水道
10	NZ6	31°49′04.93″	121°09′46.60″	北支进口
11	SZ7-1	31°44′11.67″	121°12′05.04″	白茆沙北水道
12	SZ7-2	31°43′51.31″	121°11′44.68″	
13	SZ8-1	31°42′05.71″	121°10′00.04″	白茆沙南水道
14	SZ8-2	31°41′25.58″	121°09′20.28″	

3.2　河段概况

3.2.1　水文、气象特征

3.2.1.1　潮汐

　　长江口为中等强度潮汐河口,潮汐为非正规半日浅海潮,每日两涨两落,且有日潮不等现象,在径流与河床边界条件阻滞下,潮波变形明显,涨落潮历时不对称,涨潮历时短,落潮历时长,潮差沿程递减,落潮历时沿程递增,涨潮历时沿程递减,表 3-2 为观测河段附近潮位站统计特征值,其中,徐六泾历年最高潮位为 4.85 m(1997 年 8 月 19 日);最低潮位为 -1.56 m(1999 年 2 月 4 日)。从潮位的年内统计来看,一般 1—2 月潮位最低,3—4月开始逐月涨水,最大月涨幅出现在 5—6 月,7—8 月出现最高潮位,以后潮位逐月下降,最大月降幅在 11—12 月,至翌年 1 月达最小值。

　　最高潮位通常出现在台风、天文潮和大径流三者或两者遭遇之时,其中台风影响较大。1997 年 8 月 19 日(农历七月十七日),11 号台风和特大天文大潮遭遇,天生港站出现建站以来最高潮位 7.08 m(吴淞高程),1996 年 8 号台风,正值农历六月十七日天文大潮,遭遇上游大洪水(长江大通站流量达 72 000 m³/s),江阴出现历史上最高潮位。

　　长江口潮流界随径流强弱和潮差大小等因素的变化而变动,枯季潮流界可上溯到镇江附近,洪季潮流界可下移至西界港附近。据实测资料统计分析可知,当大通径流在

10 000 m³/s 左右时,潮流界在江阴以上,当大通径流在 40 000 m³/s 左右时,潮流界在如皋沙群一带,大通径流在 60 000 m³/s 左右时,潮流界将下移到芦泾港—西界港一线附近。

表 3-2　江阴、天生港和徐六泾站的潮汐统计特征(85 高程)

特征值	江阴	天生港	徐六泾
最高潮位/m	5.28	5.16	4.85
最低潮位/m	−1.14	−1.50	−1.56
平均高潮位/m	2.10	1.94	2.07
平均低潮位/m	0.50	0.03	−0.37
平均潮差/m	1.69	1.95	2.01
最大潮差/m	3.39	4.01	4.01
最小潮差/m	0	0	0.02

根据此次潮流观测结果,可以得出以下结论:

(1)特征潮差(最大、最小和平均),基本上是从上游至下游沿程逐渐增大,且北支的潮差明显大于南支和澄通河段,北支河段的青龙港站潮差最大,平均潮差为 2.91 m,最大落潮潮差为 4.30 m,最大涨潮潮差为 4.31 m。

(2)潮位自上游向下游基本上呈逐渐降低的趋势,连续 16 d 平均潮位姚港站最高,平均潮位为 1.55 m;青龙港站最低,平均潮位为 1.01 m。

(3)平均涨、落潮历时:长江口河段平均落潮历时长于涨潮历时,一般情况下,离河口越近,涨潮历时越长,落潮历时越短,越往上游则落潮历时越长、涨潮历时越短。杨林站涨潮历时较长,平均涨潮历时为 4 h 19 min,落涨历时差为 3 h 56 min;青龙港站处于北支河段最窄处存在涌潮现象,潮汐特性是陡涨陡落,涨潮历时比较短,平均历时为 3 h 25 min,落涨历时差最长为 5 h 33 min;其余测站的落涨历时差介于 3 h 58 min 至 4 h 41 min,涨落潮历时之差愈向上游愈明显。

3.2.1.2　径流泥沙

径流对研究区域的水动力具有重要影响,进而影响输沙的过程和强度。大通水文站是距离长江口最近的一个综合水文站,通常将大通水文站的输水输沙量看作长江输入河口的水沙通量。

考虑到三峡工程蓄水运用的影响,水沙统计分为 1950—2002 年和 2003—2018 年两个时段。大通水文站流量、泥沙特征值统计见表 3-3。

三峡工程蓄水运用前(1950—2002 年)大通站多年平均径流量为 9 052 亿 m³,多年平均流量为 28 700 m³/s;三峡工程蓄水运用后(2003—2018 年)大通站年平均径流量为 8 597 亿 m³,年平均流量为 27 200 m³/s。实测历年最大流量为 92 600 m³/s(1954 年 8 月 1 日),历年最小流量为 4 620 m³/s(1979 年 1 月 31 日)。年际间径流分布不均,以 1954 年(13 590 亿 m³)最大,以 1978 年(6 760 亿 m³)最小,年际间多年平均年径流量无明显的变化趋势,三峡工程蓄水后年径流量变化也不大。20 世纪 90 年代后期,长江连续几年出现大洪水,1995 年、1996 年洪峰流量为 75 500 m³/s、75 100 m³/s,1998 年、1999 年洪峰流量为 82 300 m³/s、83 900 m³/s。

表 3-3　大通水文站流量、泥沙特征值统计

项目	年份		特征值	日期
流量/(m³/s)	1950—2002 年	历年最大	92 600	1954 年 8 月 1 日
		历年最小	4 620	1979 年 1 月 31 日
		多年平均	28 700	
	2003—2018 年	历年最大	71 000	2016 年 7 月 10 日
		历年最小	7 920	2014 年 4 月 28 日
		多年平均	27 200	
径流量/(亿 m³)	1950—2002 年	历年最大	13 590	1954 年
		历年最小	6 760	1978 年
		多年平均	9 051	
	2003—2018 年	历年最大	10 450	2016 年
		历年最小	6 671	2011 年
		多年平均	8 597	
输沙率/(t/s)	1950—2002 年	历年最大	150	1975 年 8 月 18 日
		历年最小	0.14	1999 年 2 月 28 日
		多年平均	13.5	
	2003—2018 年	历年最大	44.3	2005 年 8 月 28 日
		历年最小	0.254	2007 年 2 月 20 日
		多年平均	4.25	
输沙量/(亿 t)	1950—2002 年	历年最大	6.78	1964 年
		历年最小	2.39	1994 年
		多年平均	4.27	
	2003—2018 年	历年最大	2.16	2005 年
		历年最小	0.718	2011 年
		多年平均	1.34	
含沙量/(kg/m³)	1950—2002 年	历年最大	3.24	1959 年 8 月 6 日
		历年最小	0.016	1999 年 3 月 3 日
		多年平均	0.47	
	2003—2018 年	历年最大	1.02	2004 年 9 月 15 日
		历年最小	0.018	2014 年 2 月 5 日
		多年平均	0.156	

　　三峡工程蓄水运用前(1950—2002 年)大通站多年平均输沙量为 4.27 亿 t,多年平均含沙量为 0.479 kg/m³;历年最大含沙量为 3.24 kg/m³(1959 年 8 月 6 日),最小含沙量为 0.016 kg/m³(1999 年 3 月 3 日),历年最大输沙量为 6.78 亿 t(1964 年),历年最小输沙量为 2.39 亿 t(1994 年)。三峡工程蓄水运用后(2003—2018 年)大通站年平均输沙量为 1.34 亿 t,年平均含沙量为 0.156 kg/m³;历年最大含沙量为 1.02 kg/m³(2004 年 9 月 15 日),最小含沙量为 0.018 kg/m³(2014 年 2 月 5 日),历年最大输沙量为 2.16 亿 t(2005 年),历年最小输沙量为 0.718 亿 t(2011 年)。

　　图 3-2 为三峡蓄水前后大通站多年月均流量、输沙率对比,由图 3-2 可见,三峡水库蓄水后,洪季流量减小有限,枯季时个别月份流量有所增加;而洪季沙量减小程度明显,而枯季总体上输沙量较小,蓄水后输沙量有所减小但幅度不大。

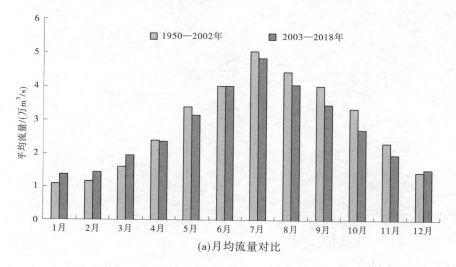

(a)月均流量对比

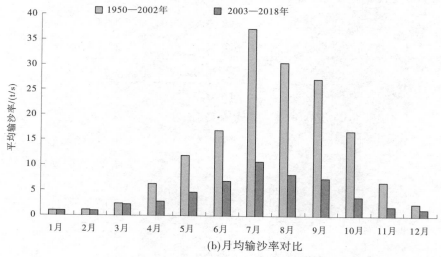

(b)月均输沙率对比

图 3-2　三峡蓄水前后大通站多年月均流量、输沙率对比

　　长江中下游干流河道的来沙主要来自上游干流,以悬移质泥沙为主,推移质泥沙占极小比例,根据以往的观测成果,大通水文站推移质年输沙量仅占该站悬移质年输沙量的0.2%,长江下游河道变形起主导作用的是悬移质泥沙运动。根据大通水文站悬移质泥沙资料统计,三峡水库蓄水运用前(1987—2002 年)悬移质泥沙多年平均中值粒径为 0.009 mm,2003—2018 年悬移质泥沙多年平均中值粒径为 0.01 mm。

　　与本次观测相对应的大通流量如图 3-3 所示,该时段的平均流量为 41 200 m³/s,接近多年平均洪季流量。

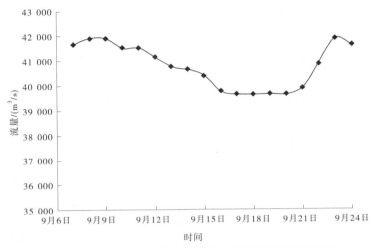

图 3-3　2014 年现场资料监测时间内径流流量变化过程线

3.2.1.3　风暴潮、台风浪

　　本地区属受强热带气旋和台风影响频繁的区域,1949—1997 年共受影响 110 次,平均每年 2.27 次,风力一般为 6~8 级,最大达 12 级。本河段每年 7—10 月都受台风影响,风暴潮和台风浪是本河段江堤受损的主要因素,应引起设计部门的高度重视。由徐六泾站 3.89 m 以上高潮位成因分析表可看出年最高潮位中前几位均由台风大潮引起,而长江来水影响相对较小(见表 3-4)。

表 3-4　徐六泾站 5.70 m 以上高潮位成因分析(吴淞基面)

年最高高潮位/m	出现日期	主要形成原因	大通流量/(m³/s)		
			当时流量	年最大流量	年平均流量
4.85	1997 年 8 月 19 日	11 号台风大潮	45 500	65 700	26 700
4.4	1996 年 8 月 1 日	8 号台风大潮和洪水	72 000	75 100	20 000
4.38	1981 年 9 月 1 日	13 号台风特大潮	41 900	50 000	27 900
4.37	1974 年 8 月 20 日	16 号台风大潮	46 500	65 000	26 600
4.17	1992 年 8 月 31 日	14 号台风大潮	29 600	67 200	27 700
4.01	1989 年 8 月 4 日	台风	48 000	60 000	30 500

续表 3-4

年最高 高潮位/m	出现日期	主要形成 原因	大通流量/(m³/s)		
			当时流量	年最大流量	年平均流量
3.9	1962 年 8 月 2 日	台风	52 600	68 300	29 800
3.9	1954 年 8 月 17 日	特大洪水大潮	82 600	92 600	43 100
3.9	1983 年 7 月 13 日	大洪水大潮	69 200	72 600	35 200
3.89	1980 年 8 月 29 日	大洪水大潮	62 600	64 000	31 500

3.2.2 河段演变特征

3.2.2.1 通州沙汊道段演变规律

通州沙汊道段上起十二圩,下至徐六泾,全长51.8 km,该段江面开阔,江中沙洲、浅滩、暗沙较多,通州沙将长江分为东、西两水道,东水道自1948年以来为长江主泓所在,其进口处有横港沙尾从北侧楔入,其下段于1960年由狼山沙分为狼山沙东、西水道,主流走狼山沙西水道,后狼山沙东水道逐渐发展,1980年以后成为主泓。

1. 深泓线变化

1980年,长江主流改走通州沙东水道和狼山沙东水道后,通州沙东水道进口段任港附近主泓线受上游横港沙的影响变幅在500 m左右;龙爪岩以上河段在龙爪岩节点控制下主泓贴北岸下行,变化不大,幅度在250 m以内;龙爪岩—营船港在龙爪岩的挑流作用下,深泓逐渐南偏,但多年来位置较稳定;营船港以下狼山沙东水道主泓受狼山沙体下移的影响,1984—2010年在狼山沙附近均呈现明显向西南方向移动的趋势,在狼山沙附近深泓最大摆幅约700 m,2010—2014年,摆动幅度较小,狼山沙东西水道交汇点下移约440 m。2016年,通州沙西水道河道整治工程基本完工,通过在西水道中上段实施疏浚采沙,西水道深泓重新全线形成。目前,西水道中上段深泓形成不久,尚处于逐步稳定期内;工程前后农场水闸以下深泓位置变化不大,总体上一直较为稳定。通州沙河段深泓线变化如图3-4所示。

2. 洲滩演变

以通州沙汊道段0 m、-5 m等高线年际变化分析洲滩演变特性。

1)通州沙

通州沙位于张家港市的三干河至常熟市的望虞河之间,是该段最大的沙体。1958年以前东水道龙爪岩以下出现的狼山沙不断下移和增大,挤压通州沙下段,使沙尾向右摆动。由于西水道衰退,20世纪80年代沙体右侧中段已与右岸涨接,沙体呈海螺状。2010年9月,-5 m高程沙体长21.2 km,最大沙体宽达6.0 km,沙体面积74 km²,0 m高程面积6.24 km²,沙顶高程由0.2 m增高至2.4 m。在低潮位时上段沙顶露出水面,2011年11月,通州沙0 m等高线沙体断续长约9.4 km,2014年9月,-5 m高程沙体长约20.8 km,沙体最大宽度约5.8 km,沙体面积约74.2 km²,0 m高程面积7.04 km²,2016年,-5 m高程沙体长约20.86 km,沙体最大宽度约5.52 km,沙体面积约73.10 km²。总体而言,

2010 年以后,通州沙沙体面积变化不大,但受如皋沙群汊道段演变、通州沙东水道弯道水流作用及南岸在建围堤的影响,通州沙出现左移,沙尾沿右岸向下游延伸的现象。

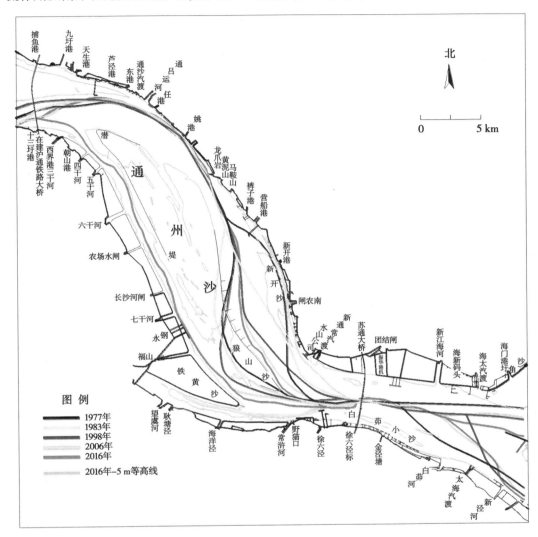

图 3-4　通州沙河段深泓线变化

2) 新开沙

20 世纪 70 年代通州沙东水道弯道水流顶冲点上提,水流主要走狼山沙西水道,龙爪岩以下的缓流区在四号坝以上形成新开沙,其沙尾与狼山沙左侧中段相接,东水道下段−10 m 深槽中断,20 世纪 80 年代初,狼山沙−10 m 高程与通州沙涨接,狼山沙西水道进口−10 m 深槽中断,东水道下段−10 m 深槽贯通,随着狼山沙东水道的发展,狼山沙头部和北侧受冲后退,沙体不断下移西偏,给新开沙的发展创造了条件,因此新开沙迅速扩大,沙头上提,沙尾下移、展宽,至 2004 年沙头上提和沙尾下移的距离达到最大,2004 年以后沙头有所后退,沙尾上提明显,至 2010 年 9 月沙体长度已不足 6 km,2010 年 9 月至 2011 年

11月,新开沙形状及沙体面积均变化较少;2011年11月至2014年9月,受通州沙东水道的影响,新开沙形状和面积均出现较大变化,沙尾上提500 m,沙体右侧出现一条状新沙体(长4.94 km,宽470 m),从而使得新开沙沙体面积增加约1倍;2014年至2016年10月,新开沙向上下游有所延伸,上提约1.25 km,下延约1.43 km,面积增加约31.6%,新开沙-5 m等高线下特征值变化见表3-5。

表3-5　新开沙(-5 m线)特征值历年变化

年份	长度/km	宽度/km	面积/km²	滩顶高程/m
1978年	0	0	0	-5.80
1985年	4.28	0.44	1.88	-0.10
1987年	4.18	0.48	2.00	-0.10
1991年	5.15	0.90	3.10	—
1992年	4.75	1.00	4.74	-0.40
1995年	8.00	1.20	6.20	0.70
1998年	10.25	1.00	7.00	0.80
1999年	11.70	1.00	6.50	0.70
2001年	12.80	1.00	—	0.80
2004年	11.60	1.10	6.27	1.00
2007年	8.50	1.05	3.97	0.80
2010年	5.71	1.07	3.16	1.70
2011年	5.09	1.12	2.95	1.00
2014年	6.31	1.87	5.06	0.90
2016年	8.73	1.30	6.66	1.10

新开沙与北岸之间的狭长水道为新开沙夹槽。新开沙夹槽的演变与新开沙和狼山沙东水道的变化密切相关。1978年新开沙形成之初,新开沙夹槽-10 m深槽上延至营船港以上,随着新开沙的发育,其分泄长江径流量逐年减少,河床淤积变浅,-10 m深槽逐渐向下退缩,1993年退至新开港闸上游约1 km附近,1993—2001年随着新开沙淤长发育,夹槽下段-10 m槽宽逐年缩窄,2001年以后,-10 m槽宽有所变化,但变化不大,最大变幅约200 m。

3)狼山沙

狼山沙是通州沙尾下游并与之紧邻的福山闸至浒常河段的沙体。1958年以前形成初期,在狼山至四号坝之间,沙体呈长条状。狼山沙的形成主要是当时通州沙较窄,在龙爪岩以下东水道较宽,在龙爪岩挑流以下的缓流区使泥沙落淤,同时在弯道环流作用下,左岸崩坍下来的泥沙带到右边,堆积在宽阔的东水道中部浅区。在东水道主流顶冲下狼山沙不断下移西偏,1984—2001年-5 m等高线下移约4.1 km,西偏2.3 km,沙尾下伸到徐六泾以上。受徐六泾节点的控制,2001年以后,沙体位置变化不大,沙体面积呈减小趋势,−5 m 高程下面积 2001 年为 13.01 km²、2004 年为 12.89 km²、2014 年为 9.68 km²、2016 年为 10.2 km²,根据狼山沙发展的趋势,今后将向通州沙靠拢。

4)铁黄沙

铁黄沙位于福山水道与狼牙山水道之间,是江中出露沙体,1993—2001 年,铁黄沙向外急剧淤涨,0 m 高程下沙体面积由 2.23 km² 增至 3.95 km²;2001—2011 年,沙体有冲有淤,整体变化不大,但由于福山水道与狼牙山水道相位差的存在,在特定的水流条件下,铁黄沙上仍可能存在漫滩水流,沙体存在冲散的危险,因此为固定沙体、稳定河势、实现澄通河段河势控制目标,并延缓福山水道淤积萎缩趋势,2013 年开始实施铁黄沙整治工程,整治工程完工后,0 m 高程下沙体面积将达到 14.41 km²。

3. 深槽演变

1)通州沙东水道

东水道是通州沙汊道的主汊,上起十二圩港下至徐六泾,位于通州沙以东称通州沙东水道。水道由向左和向右两个反向弯道组成,全长 40.9 km,呈反"S"形,中间富民港附近有中水道分流。东水道上承浏海沙水道,下接白茆沙汊道段。

历史上随着长江主流周期性变动于通州沙东、西水道之间,引起通州沙体变化较大。自 1958 年东水道再次成为主流以来,东水道不断发展,其河槽容积不断增大,分流比不断增加,2004 年分流比达到 94.32%,形成一条以落潮流为主的长江主流通道。而西水道不断萎缩、淤积,河床宽浅,涨潮流作用稍强,其分流比、分沙比仅为 8% 左右,分流比变化见表 3-6。近年来,随着南通凹岸护岸工程的实施,南通岸线区域稳定,这对稳定河势起积极意义。

表 3-6　通州沙东、西水道分流比变化

测验时间	分流比(全潮平均)		大通流量/(m³/s)
	东水道/%	西水道/%	
1982 年 8 月	92.0	8.0	47 600~51 500
1984 年 2 月	93.9	6.1	8 800~9 580
1987 年 7 月	90.7	9.3	49 400~51 500
1993 年 8 月	94.7	5.3	55 800~59 600
1995 年 10 月	96.1	3.9	29 100~32 400
1999 年 11 月	91.6	8.4	26 000~28 100
2003 年 10 月	96.0	4.0	34 000~37 000
2004 年 4 月	94.32	5.68	15 700~20 100
2006 年 9 月	89.70	10.3	14 800~21 500
2015 年 9 月	91.6	8.4	28 400~31 700
2016 年 8 月	91.1	8.9	15 900~21 100

此外,从东、西水道进口段河床断面面积、东水道所占面积比变化来看,东水道进口段

过水断面面积、东水道占全面积比于 1977—1993 年不断增加(见表 3-7),其中 1993 年 4 月任港闸下断面东水道断面面积较 1977 年 10 月增加 23.2 %,1993 年后除 1998 年外总体变化幅度减小,并趋于相对稳定。与此相反,西水道进口处的断面面积于 1977—2001 年逐渐减少,且 20 世纪 80 年代减少较明显,2001 年后趋于稳定,2010 年以后,随着通州沙西水道整治工程的实施,西水道过水断面面积有一定幅度的增加。

表 3-7　通州沙东、西水道进口段河床断面面积(0 m 以下)变化

年份	面积/m²		面积比/%	
	东水道	西水道	东水道	西水道
1977 年 8 月	45 050	10 340	81	19
1983 年 4 月	50 280	10 140	83	17
1993 年 4 月	55 510	8 130	87	13
1997 年 12 月	55 720	8 040	87	13
1998 年 11 月	60 230	8 960	87	13
2001 年 8 月	54 970	7 630	88	12
2003 年 3 月	53 210	8 250	87	13
2006 年 5 月	53 600	7 580	88	12
2010 年 9 月	55 824	7 221	89	12
2011 年 11 月	60 765	7 047	90	10
2014 年 9 月	62 250	10 368	86	14
2016 年 8 月	60 773	8 178	88	12

注:断面位置坐标:东水道($X=3\ 542\ 655$,$Y=40\ 577\ 638$)、西水道($X=3\ 537\ 724$,$Y=40\ 572\ 283$)。

受浏海沙水道主流动力顶冲点变化及来水来沙不同影响,1993 年以后,通州沙的北缘横港沙尾至任港闸段−10 m 等高线总体向南摆动,1993—2001 年,通吕运河口处的通州沙的北缘−10 m 等高线南移 1 200 m 左右。2003 年,任港闸处通州沙的北缘北侧河床又略有淤积,出现一个新的堆积体,−10 m 等高线的面积为 0.42 km²,最高点标高达−7.2 m,2004 年以后,−10 m 等高线南摆的趋势仍较明显,尤以 2006—2010 年最为明显,最大摆动距离达 700 m。任港闸至龙爪岩段通州沙的北缘−10 m 等高线受龙爪岩涨潮流挑流作用不同影响而有所冲淤。龙爪岩以下−10 m 等高线变化相对较小。狼山沙受主流顶冲不断下移缩短增宽,使东水道下段−10 m 深槽在四号坝以上左移,四号坝以下右移。20 世纪 70 年代东水道弯道水流顶冲点上提,东水道下段−10 m 深槽中断,新开沙、狼山沙与北岸之间组成一条倒槽;到 80 年代初,狼山沙−10 m 高程与通州沙涨接,狼山沙西水道进口−10 m 深槽中断,东水道下段−10 m 深槽贯通。同时新开沙增大,−10 m 深槽四号坝以上向右展宽,四号坝以下向左摆动并拓宽。随着狼山沙不断向西南方向的移动,1998 年以后,−10 m 深槽同时向西南方向偏移,新开沙尾也大幅向南延伸,加之北岸的大量围垦,东方红农场外的滩面由冲刷转为淤积。

通州沙东水道横港沙尾—营船港段-20 m 深槽自 1978 年以后-20 m 等高线槽宽变化不大,但-20 m 等高线深槽不断向上下游发展,1978—1998 年深槽头部向上游延伸 5 km 余,已达西界港附近的横港沙南缘,深槽尾部向下游冲刷约 4.55 km,1998—2016 年,-20 m 等高线深槽头部在十三圩港至西界港一带上下移动,深槽尾部则继续向下游延伸约 850 m,已至新开港附近。从通州沙东水道-30 m 等高线主深槽变化来看,1978 年在姚港至龙爪岩附近形成-30 m 等高线深槽,平均槽宽达 550 m,以后-30 m 深槽头部不断向上游延伸,1993 年较 1978 年上延了 1.5 km 到南通港附近,并于 1993 年在横港沙南缘侧西界港—东界港一带形成上下两个间隔约 600 m,长分别约 1.1 km、1.4 km,宽约 200 m 的-30 m 深槽,-30 m 深槽头部则向下游延伸 1.55 km 左右。1998 年该处上-30 m 深槽较 1993 年向上游移动约 600 m,下-30 m 深槽淤没,南通港至龙爪岩附近-30 m 等高线深槽槽头下移约 400 m,1998—2016 年,横港沙南缘侧西界港附近-30 m 深槽头部有冲有淤,变化不大,幅度在 200 m 以内,深槽尾部也是时而上延时而下伸,变化幅度在 500 m 以内。

2) 通州沙西水道

西水道为通州沙汊道的右汊,属支汊,上起十二圩港下至徐六泾,全长 39.0 km,同东水道一样由向左和向右两个反向弯道组成,左右两个弯道的弯曲半径分别约为 10 km 和 14 km。

通州沙西水道 1982—2006 年分流比为 4%~11%,随径流、潮型大小而有不同,从西水道进口段河床断面面积、西水道所占面积比变化来看,西水道进口处的断面面积于 1977—2001 年逐渐减少,80 年代减少最快,1993 年以后除 1998 年外总体变化幅度减小,并趋于相对稳定,西水道所占面积比自 1993 年后基本保持在 10%~14%。

根据通州沙西水道河床形态可知,通州沙西水道的深槽主要在下段(农场闸口以下),从-10 m 槽的变化来看,1978 年西水道-10 m 槽头部在长沙河附近,1978—1993 年,受狼山沙体下移西偏影响而南移约 300 m,槽宽减少 150 m 左右,槽头下移约 1 000 m,1993—2011 年,深槽平面变化不大,淤积速度趋缓,受下游涨潮动力影响,过水面积略有增加,并偶有冲刷,整体呈相对稳定状态;2011 年以后,实施了长江澄通河段西水道整治工程一期整治工程,主要包括通州沙右缘上段潜堤工程、通州沙西水道中上段疏浚工程及西水道南岸边滩围区(V区)岸线综合整治工程,整治工程实施后,通州沙西水道-10 m 槽已上延至东界港附近。

3) 狼山沙水道

狼山沙水道隶属通州沙东水道下段。1957 年洪水期,受上游北岸一侧岸线崩坍后退的影响,崩坍下来的泥沙部分堆积在宽阔的东水道,形成水下暗沙,加上大水切割横港沙尾,其下部向下移动并入暗沙,形成狼山沙。1958 年以后,狼山沙逐渐发育淤涨和南移,随着长江主流在通州沙东水道上段不断北移,龙爪岩挑流作用增强,狼山沙头部受冲后退,沙体下移淤长,滩顶淤高,沙体-5 m 以上滩面面积从 1960 年的 3.75 km² 增大至 1984 年的 17.5 km²,同时沙体向南移动了 10 km,狼山沙东水道进口条件得到改善,东水道逐渐发育起来,西水道逐渐萎缩,长江主流也逐渐东移。1978 年后狼山沙-10 m 高程涨接通州沙,西水道进口-10 m 深槽中断,水道的下段变成了倒槽,横断面面积减小。1958

年,狼山沙东、西水道断面面积比为 0.44:1,受通州沙东水道主流摆动及冲刷影响,狼山沙东水道不断冲刷发展,1980 年以后,东水道断面面积比已超过西水道,并逐渐增加,1999 年较 1998 年狼山沙东水道断面面积增加约 30%,2001 年狼山沙东水道断面面积是西水道的 3.83 倍(见表 3-8)。随着狼山沙受东水道主流顶冲不断下移缩短展宽,狼山沙西水道跟随下移、西摆和缩短,20 世纪 80 年代末以来,狼山沙头仍有下移,沙尾位置变化减小,沙体萎缩,由于狼山沙尾南侧水域是狼山沙西水道、通州沙西水道和铁皇沙南水道三股水流的汇流区,同时以下又是徐六泾节点河段,它抑制了狼山沙的进一步南移,同时狼山沙南移受到徐六泾节点的控制,沙尾不可能往南和东延伸,相反,近年来沙尾有所上提。此外,东水道动力轴线不断西偏并向微弯方向发展,西水道的水流动力轴线与主流的交角呈增大之势。

表 3-8　狼山沙东、西水道 0 m 以下断面面积变化

日期	东水道/m²	西水道/m²	东水道:西水道
1958 年 10 月	15 947	36 034	0.44
1980 年 8 月	31 690	23 640	1.34
1985 年 5 月	39 348	24 000	1.64
1992 年 3 月	48 100	19 000	2.53
1998 年 10 月	43 406	17 000	2.55
1999 年 9 月	56 445	15 000	3.76
2001 年 10 月	52 965	13 827	3.83
2003 年 8 月	51 420	10 300	4.99
2006 年 6 月	48 890	12 540	3.90
2010 年 9 月	49 750	19 659	2.53
2011 年 12 月	49 740	20 371	2.44
2014 年 9 月	44 308	21 951	2.02

从 -10 m、-20 m 等高线分析,狼山沙东水道成为主流后,沙尾 -10 m 线呈现逐年上提南移的趋势,相应狼山沙东、西水道 -10 m 深槽也南移,1978—2001 年,东水道平均南移约 500 m,西水道南移 1 000 m 左右;2001—2014 年间,东水道南移约 400 m,2014 年以后,西水道变化幅度不大。1978 年后 -20 m 深槽多年来一直向西南移动,深槽自徐六泾江段伸向狼山沙东水道和福山水道,槽头位置多年来呈现往下游移动的趋势,2001 年槽头比 1993 年下移了约 3.8 km,但 2001 年以后变化不大,基本趋于稳定。1993 年槽宽约 600 m,2004 年槽宽 944 m,2007 年 -20 m 等高线断开,表明狼山沙左缘自 2004 年以后有一定的淤积,2010 年 -20 m 等高线仍呈断开之势,槽宽约 860 m,2011 年 -20 m 等高线又重新连在一起,槽宽变化不大,同时南侧出现一面积约 5.2 万 m² 的长条状深槽,至 2014 年 9 月,新槽与原槽连接在一起。-20 m 深槽左缘的摆幅,1993—1998 年为 400 m,1998—2001 年、2001—2004 年均约 150 m,2004—2006 年摆幅在 80 m 以内,表明 1993—2006 年

变化趋势是逐年减小的。2007 年以后摆幅又有所增大,深槽头部往西南方向的最大摆幅达到 750 m 左右,表明深槽头部近期仍在不断的发展变化,南移西偏的趋势仍较明显。

4)福山水道

福山水道上起福山塘,下至浒浦口,是太湖主要出口之一——望虞河的引排水通道。福山水道历史上曾经是长江的主要水道,20 世纪初福山水道上接狼山水道,下与通州水道相汇,水道长 23.8 km。自 20 世纪 30 年代老狼山沙涨接常阴沙后上游水道消失,福山水道变为无径流来源的涨潮槽,致使水道不断向下游萎缩,近年来人工围垦更加速了水道衰退,现全依靠涨潮流维持。

1984 年以前宽大于 700 m 的 -5 m 深槽由福山塘下退至望虞河口下 0.8 km,1984 年以后,-5 m 深槽头部继续向下游移动,但变化幅度较小,1984—2014 年,头部下移动 400 m,年平均移动 13 m 左右,槽宽则减至 600 m 左右,随着铁黄沙整治工程的实施,2014 年后福山水道上部出现零星的几个 -5 m 槽。1978 年 -10 m 深槽头部在耿泾塘下游 1 000 m 处,随着福山水道的淤积,深槽头部向下游移动,1978—1984 年,深槽头部向下游移动约 500 m,同时深槽也有一定程度的缩窄,至 1993 年,深槽断开成两部分,下槽头部已退至海洋泾口附近;1993—2010 年,上深槽有冲有淤,整体变化不大,下深槽头部则继续向下游移动约 450 m,平均槽宽则减至 100 m 左右;2010—2014 年,由于铁黄沙整治工程的实施,下深槽变化较小,且上下深槽之间出现一条新的长条形深槽,长 1 214 m,面积为 0.18 万 m²,2016 年 -10 m 深槽已基本延伸至望虞河口附近。

4. 河床冲淤变化特性

近 20 年来,通州沙汉道段整体以冲刷为主(见表 3-9),从时间上看,2003 年以前,河床有冲有淤,2003 年以后,河床则以冲刷为主,这与 2003 年三峡蓄水后来沙量锐减有一定的关系。河床冲刷变化较大的位置有:狼山沙东、西水道,冲幅在 8~10 m;南岸的鼎兴港口—农场河附近(见图 3-5),前者的主要原因是圈围工程的实施,后者的原因可能是新通海沙南通开发区上段岸线综合整治工程的实施。

表 3-9 通州沙汉道段冲淤积量统计成果(计算水位: -5 m)

年份	1993—1998 年	1998—2003 年	2003—2010 年	2010—2016 年
冲淤量/万 m³	1 315	9 867	-12 300	-7 210

3.2.2.2 徐六泾节点段演变特征

徐六泾节点河段为近口段到河口段的一个节点性过渡段,徐六泾节点河段处于通州沙汉道水流的汇流段,该段上接狼山沙水道,下连白茆沙汉道段,新通海沙工程实施后,徐六泾节点河段河宽进一步缩窄。徐六泾节点河段南岸为抗冲性较强的黏土,依托早年(1872 年前后)兴建的桩石护塘工程而逐渐形成的一段较稳定的人工护岸段,自清乾隆十九年到中华民国初年先后建桩石护塘工程长达 7 km,新中国成立后又对徐六泾野猫口一段进行新护加固抛石工程。1958 年以来,徐六泾节点河段北岸通海沙和江心沙围垦并岸,经历 8 年时间,徐六泾河宽由 13.0 km 缩窄至 5.7 km,1969 年又筑立新闸封堵江心沙北水道,徐六泾北岸基本成型,形成现代长江河口段的"节点",徐六泾节点形成以后对下游河势起到很好的控制作用。

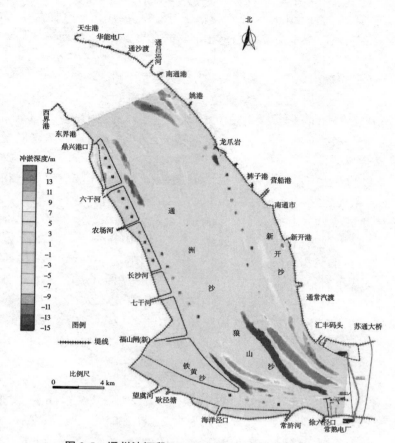

图 3-5　通州沙河段 1998—2016 年冲淤变化

1. 深泓线变化

受徐六泾节点作用的影响,徐六泾节点河段深泓年际变化不大,变化明显的位置主要有进口段及新江海河至海门港段。进口段的主要变化是狼山沙东西水道的汇流点上移南偏,1998—2011 年汇流点上提约 4.6 km,2011 年之后变化不大。新江海河至海门港段的主要变化发生在 1998—2003 年,深泓向南岸移动约 1 000 m,2003—2006 年则北移约 750 m,2006 年以后,该段深泓摆动较小,幅度在 100 m 以内。

2. 岸线变化

就 0 m 线而言,1998 年以后,徐六泾节点河段南岸在堤防的约束下 0 m 线变化较小,北岸 0 m 线变化较大,1998—2006 年,北岸 0 m 线以冲刷为主,平均冲退约 250 m,2006 年以后,随着新通海沙岸线整治工程的实施,北岸 0 m 线逐渐趋于稳定。

3. 洲滩演变

该河段洲滩变化较大的主要是白茆小沙和新通海沙。

1) 白茆小沙

白茆小沙由徐六泾边滩切割而成。20 世纪 70 年代初,一股较强的涨潮流楔入徐六泾边滩,至 1976 年,涨潮流将边滩切割,形成白茆小沙上沙体。上沙体形成后,由于涨、落潮流的分离处,上游下泄的泥沙易在此落淤,沙体逐渐壮大。1980 年左右,由于上游主流由狼山沙西水道转为东水道,主流流向的改变,导致残留的徐六泾边滩再次被切割,形成白茆小沙下沙体。下沙体形成后,不断发展壮大、下移,在下移的过程中又被切割为上、下两部分,下部分逐渐并靠白茆沙,残留的上部分逐渐演变为目前的下沙体。至此,徐六泾边滩演变成上、下两块沙体并列的格局。

从近20年的变化来看,白茆小沙上沙体由于处于徐六泾礁石群处,沙体形成至今,沙体大小及平面位置一直保持相对稳定状态,1998—2016年,白茆小沙上沙体-5 m线下面积减少0.69 km²(由2.73 km²变为2.04 km²)。下沙体的演变基本遵循沙体形成→扩大→沙体被切割→切割体下移→沙体恢复淤涨的规律,其中被切割的一部分下移补给到白茆沙。在一般水文年,白茆小沙的活动范围基本上在徐六泾至白茆河口偏下位置之间,基本上未出现过沙尾插入南水道主槽的情况,但在特殊水文年,白茆小沙下沙体有可能被水流切割,下移到白茆河口偏下的位置,封堵南水道进口段深槽,从而引起航道淤积。近年来下沙体逐渐萎缩,沙体面积急剧缩小,2010年以后,白茆小沙下沙体-5 m以上部分已消失,2016年又重新出现,沙体白茆-5 m线下面积约0.72 km²,白茆小沙沙体特征值变化见表3-10。

表3-10　白茆小沙沙体特征值统计(-5 m以上)

年份	分项	面积/km²	滩面最高高程/m	沙头距离/km	沙体数目
1998	上沙体	2.73	0.6	8.03	1
	下沙体	2.17	0.5	5.38	1
2003	上沙体	2.69	-0.5	8.86	1
	下沙体	1.46	-0.6	5.12	1
2006	上沙体	2.62	-0.4	8.49	1
	下沙体	1.16	-0.8	4.42	1
2010	上沙体	2.57	-0.3	7.53	1
	下沙体	—	—	—	—
2011	上沙体	2.36	-1.2	7.39	1
	下沙体	—	—	—	—
2014	上沙体	2.31	-1.4	7.41	1
	下沙体	—	—	—	—
2016	上沙体	2.04	-1.8	7.3	1
	下沙体	0.72	-2.9	1.2	1

2)新通海沙

新通海沙是由于徐六泾以下河道放宽泥沙落淤而成的,1978年,东方红农场南侧的3个小沙包,即新通海沙的雏形。1978年以后,随着狼山沙东水道发展为主流,东方红农场西南角不断坍塌,新通海沙头后退了1 700 m,至1994年又后退了580 m。新通海沙在后退的过程中不断向下移动和向外淤涨。1984—1992年,沙体-5 m等高线面积由22.5 km²扩大至25.9 km²,滩面最高高程由-0.2 m增加至0.1 m,沙尾下移约4.8 km。1992

年以后,海门市对北支口门的圩角沙实施了圈围,立新河下岸线外凸,新通海沙于此处受冲内缩,但洲外缘-5 m等高线基本处于相对稳定状态。1998年以后,受上游河势的影响,苏通大桥以上的新通海沙变化稍大,苏通大桥以下-5 m外缘变化较小。2008年以后,先后实施了新通海沙海门段岸线调整工程、新通海沙南通段(Ⅰ、Ⅱ、Ⅲ区)岸线整治工程,在此作用下,新通海沙沙体高滩部分(-2 m以上)圈围出水成陆,这将为徐六泾节点段提供平顺的北边界。

4. 深槽变化

以-10 m、-20 m及-30 m等高线变化分析徐六泾段深槽变化情况。

-10 m槽贯穿徐六泾河段,整体而言,变化不大,除主槽外,南岸沿岸存在-10 m夹槽,即金泾塘水道,上口位于通州沙东西水道及福山水道的汇流束窄段的南岸,宽300~500 m,长约10 km,上中段水深7~15 m,下段出口水深7 m左右。上游通过常熟电厂前缘-10 m左右的等深线和徐六泾主槽相通,下游在白茆河口附近与白茆沙南水道连接。金泾塘水道是长江主流顶冲岸段,故落潮流速较大。水道下口在喇叭形白茆沙河段的涨潮主槽南水道内,沿岸上溯的涨潮流使水道内涨潮峰值时流速很大,故金泾塘水道涨落潮水流动力都比较强,容易造成冲刷,不易淤积。南岸边滩和夹槽内的底值颗粒资料表明:主槽内的推移质细沙不参与南岸边滩和夹槽的冲淤演变,而南岸边滩和夹槽内悬沙的颗粒细、含沙量小、动力强,不易落淤。故无论是水动力条件、泥沙环境还是河床底质,都造成了南岸边滩和夹槽长期稳定和微冲不淤的优良河势条件,1998年以后变化不大。

徐六泾河段-20 m深槽的顶端伸向通州沙西水道和狼山沙西水道,南岸前缘的高滩冲刷,深槽冲深;此后随着西水道萎缩衰退,狼山沙东水道发展,狼山沙西偏南移,-20 m深槽逐年南移,1978年以后,狼山沙东水道逐渐成为主流,到1981年汇流点东移至徐六泾附近,-20 m深槽的槽头转向狼山沙东水道,北岸东方红农场一侧受冲,浒浦前缘深槽有所淤浅,狼山沙东水道的发展使狼山沙西移后退,促使狼山沙西水道日益萎缩。1992年,狼山沙东水道深槽与徐六泾深槽基本相接,狼山沙东与西水道和通州沙西水道的汇流点下移,徐六泾节点段的导流作用减弱,与此同时,随着狼山沙继续西移和其上游北岸新开沙沙尾下移,东方红农场拐点附近冲刷明显减缓,并逐渐脱离主流区,狼山沙东水道主泓西移使徐六泾节点段主流动力轴线继续南靠,加强浒浦—徐六泾标一线主流地位,1991年-20 m深槽槽尾较1983年-20 m深槽槽尾明显南移。其后至1999年时,狼山沙继续西移,狼山沙东水道展宽,西水道萎缩,徐六泾一带-20 m深槽位置略向南侧摆动,1999年时,槽尾继续向东南移动,与1983年相比,槽尾的方向已由指向白茆沙的北水道转向白茆沙的头部和南水道。此外,2003年与1999年相比,-20 m深槽向南岸移动,槽尾位置变化较小。总体来看,该深槽平面变化较小,2003—2006年,深槽变化幅度不大,2006—2011年,-20 m深槽尾部向下游延伸约1 200 m,2011年以后,深槽平面位置变化不大。

就-30 m深槽而言,1998年以后,深槽平面位置基本稳定,深槽平面摆动幅度不大,可能受苏通大桥及两岸整治工程的影响,深槽河床冲淤幅度略大,为6~8 m。

5. 冲淤变化

徐六泾河段年际冲淤变化如图3-6所示。由图3-6可知,2003年以后,徐六泾河段以冲刷为主,2003—2016年累计冲刷近0.7亿 m³,这可能主要是受上游控制性水库兴建后来沙锐减和两岸岸线等整治工程的影响。

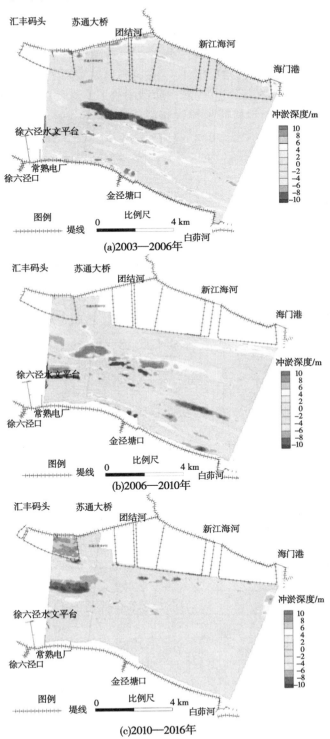

图 3-6　徐六泾河段年际冲淤变化

3.2.2.3　南支上段演变规律

南支上段为白茆沙汊道段,该段上起白茆口,下至七丫口,由白茆沙分南北两水道,南水道为主汊。

白茆沙原是一群没有出露水面的暗沙,分布在徐六泾至七丫口之间,1958 年老白茆沙一部分并入崇明,一部分下移补给扁担沙头,在荡茜口处宽阔的江面上仅存一个长度为 2.4 km、最大宽度为 0.5 km 的小沙包,为新白茆沙的雏形。受长江径流、涨落潮水流流路分离及边界条件影响,近几十年白茆沙体逐年淤涨、增高并下移,1973 年受北支倒灌影响,在北水道上游形成突出的水下三角洲,使白茆沙南北水道水面比降明显增大,使滩面上串沟纵横,白茆沙体 1973 年始至 1980 年分离成多个。1982 年长江发生较大洪水,北支口门的水下三角洲被冲,白茆沙北水道淤浅,白茆沙左侧受冲,崇明岛侧淤,滩槽易位,1983 年,长江再次发生大洪水,白茆沙北水道有所冲刷,白茆沙体不断发展扩大,1990 年白茆沙体长为 24.8 km,宽约 3.0 km,沙体达 1958 年以来最大,且白茆沙北水道−10 m 等深线贯通,北水道−10 m 等高线容积占总容积比达 58%,1991 年白茆沙北水道−10 m 等高线与南水道下段相贯通,1992—1998 年,白茆沙头−5 m 线后退约 1 300 m(见表 3-11);1998—2003 年又后退约 1 200 m,2003—2011 年沙头继续后退,但幅度变小,2011 年以后,随着白茆沙整治工程的实施,白茆沙沙体变化较小。

表 3-11　白茆沙体−5 m 等高线以上历年变化情况(理论基面)

年份	面积/km²	长度/km	宽度/km	沙体滩面高程/m
1983	22.56	27.5	2.0	0
1985	25.20	24.7	4.0	−2.0
1986	32.40	26.3	4.0	0.6
1990	49.40	24.8	3.0	1.4
1991	48.50	25.3	3.0	1.4
1994	46.60	18.6	3.0	0.8
1997	39.70	22.0	3.0	0.7
1998	40.75	21.8	3.6	—
1999	36.7	16	3.4	1.5
2000	37	14.7	3.6	—
2001	33.9	12.7	3.8	1.9
2002	33.5	13.5	3.5	2.6
2004	21.6	10	3.8	1.1
2008	27.46	10.7	3.7	
2011	24.3	9.4	3.6	1.3
2016	24.01	9.3	3.7	1.9

　　白茆沙南水道较为顺直,深槽紧靠南岸,与南支下段主槽顺直相接,1958 年以来该水道受长江径流、涨潮流作用,经历了冲刷发展、淤积减少和相对稳定的变化过程。1958 年南水道-10 m 等高线容积占总容积的 64%,1973 年受北水道上游进流条件恶化影响,南水道冲刷发展,-10 m 等高线所占容积之比有所增加,达到 84%,并基本维持到 1981 年前后,1982 年随北水道冲刷发展,南水道略有淤积,-10 m 容积所占比例逐渐降低至 1990 年的 42%,1990 年后略有回升,1992 年接近 50%,1997、1998 年基本维持在 54%。1958—1973 年南水道冲刷发展,1973 年的白茆河口至浪港段南侧-10 m 等高线较 1959 年平均南移 1 000 m,1973 年以后-10 m 等高线形态相对稳定,20 世纪 90 年代以后,徐六泾主深槽下段略有南偏,1992—2014 年,南水道-10 m 等高线与徐六泾主深槽相通,其南侧-10 m 等高线较为稳定,北侧受白茆沙头右缘冲刷后退影响,白茆河口至钱泾口段-10 m 等高线 1999 年较 1996 年略有展宽,钱泾口以下基本稳定,1999—2006 年北侧-10 m 深槽槽宽仍有展宽,2003—2006 年,靠近白茆沙的-10 m 等高线向北移动的最大距离约 420 m。综合而言,南水道的兴衰与上游通州沙汊道段水流交汇后出徐六泾后水流动力轴线的摆动密切相关。上游通州沙汊道段水动力轴线北偏时,南水道进口萎缩,水动力轴线南偏时,南水道进口发展。近期拟建工程上游狼山沙沙体呈西偏趋势,东西水道水流交汇后汇流顶冲点上提,出徐六泾后主流呈南偏趋势,这对于白茆沙南水道的维持与发展是有利的。

　　白茆沙北水道相对弯曲,弯顶在崇头附近。多年来白茆沙北水道受长江径流、徐六泾节点导流作用、北支口门变化及倒灌影响而经历了衰退—发展—衰退的演变过程。1958 年白茆沙北水道呈较为严重萎缩之势,-10 m 等高线容积逐年减小,1973 年北支水沙倒灌使北水道上段更加萎缩和淤浅,1982 年白茆沙北水道冲刷发展,1990 年-10 m 等高线与南水道-10 m 等高线贯通,但由于白茆沙北水道流路长,加之近年来徐六泾主槽略有南偏,白茆沙北水道发展受到制约。1992—2003 年,白茆沙北水道-10 m 等高线贯通,北水道上段崇头一侧-10 m 等高线向南侧淤涨,2003—2006 年,白茆沙体向北侧淤长,深槽相应向北侧移动,北侧-10 m 线北移的最大距离约 580 m。2002—2010 年受徐六泾-20 m 深槽末端东南偏影响,北水道口门至北支分流段-10 m 等高线略有断开,局部处河床高程仍小于-10 m,北水道渐呈衰退的态势,与白茆沙南水道相比,水流走北水道流路更长,沿程阻力更大。由于存在横比降,北水道水位高于南水道,沿白茆沙北水道下泄的部分落潮流会经白茆沙沙体越滩进入南水道中下段。由于越滩水流存在,加上扁担沙上游窜沟分流,使得北水道出口经常出现淤浅,严重影响了北水道的利用,2012 年开始实施的白茆沙整治工程,一定程度上有利于北水道的发展。

3.2.2.4　北支河段演变分析

　　受上游河势变化以及滩涂圈围等因素的影响,北支口门不断缩窄,进流条件逐渐恶化,北支自 20 世纪 50 年代就已演变为涨潮流占优势的河道,河道中暗沙纷纷淤涨出水,河槽淤积萎缩,分流比目前在5%以下。据统计,1915—1958年,北支两堤之间的面积缩小了23.2%,吴淞基面4.5 m以下河床约淤积15亿m³,容积减少27%。1958年以来,北支河道演变主要表现在:①出现水沙倒灌南支的现象。北支河槽日益淤浅、萎缩,为沙岛并岸或圈围洲滩创造了有利条件。由于圈围工程主要位于上、中段,导致上、中段河宽缩窄的速率大于下段,北支的喇叭形河势形态进一步强化,潮波变形加剧。因此,北支从20世纪50年代开始就出现水沙倒灌南支的现象,在20世纪70年代达到顶峰。进入80年代以后,由于南、北支会潮点由北支口门下移到北支上段,北支水沙倒灌南支的程度一度有所减轻,但90年代以后,北支上段坍角沙的圈围使口门进一步缩窄,枯季大潮期,青龙港附近涌潮加剧,北支水沙倒灌南支又有加重的趋势。②北支总体呈现南涨北坍,河宽缩窄的趋势。1958—1983年北岸平均崩退2.4 km,南岸平均淤涨4.3 km,河宽平均缩窄约1.9 km。随着北岸护岸工程的实施,20世纪80年代以后,北岸逐渐稳定下来,但南岸总体仍呈现淤涨的趋势。③北支总体以淤积萎缩为主,但在局部时段或局部河段会出现冲刷现象。北支上段河槽容积一直呈大幅度减少的趋势,1958—1978年,上段河槽容积减少56%。1978—1984年由于东方红农场西南角崩塌,改变了径流进入北支的方向,有利于径流进入北支,上段容积有所增加。1983年以后,上段又淤积萎缩,至2001年,容积减少79%。中、下段河槽近年呈冲刷趋势,容积有所增加,其主要原因可能与青龙港涌潮加剧,导致青龙港潮差增加,落潮时水面比降加大,以及新隆沙并岸等因素有关。

3.3 流速时空变化

选择测点CT1-1(通州沙东水道上段南通港附近)、SZ8-2(南支白茆沙南水道荡茜口附近)和NZ6(北支入口附近)分析流速时空变化过程(见表3-12)。

表3-12 各测点大小潮潮流特征统计

潮型	测点	涨潮			落潮		涨落潮平均流速比	涨落潮历时比	平均水深/m
		平均流速/(m/s)	最大流速/(m/s)	最大反向流速/(m/s)	平均流速/(m/s)	最大流速/(m/s)			
大潮	CT1-1	0.45	0.92	-0.57	0.91	1.08	0.42	0.67	22.70
	NZ6	1.56	2.76	-2.76	1.14	1.65	1.36	1.23	6.00
	SZ8-2	0.86	1.20	-1.20	1.33	1.80	0.64	0.56	48.00

续表 3-12

| 潮型 | 测点 | 涨潮 | | | 落潮 | | 涨落潮平均流速比 | 涨落潮历时比 | 平均水深/m |
		平均流速/(m/s)	最大流速/(m/s)	最大反向流速/(m/s)	平均流速/(m/s)	最大流速/(m/s)			
中潮	CT1-1	0.51	0.82	-0.39	0.83	0.97	0.53	0.63	21.80
	NZ6	1.48	2.42	-2.42	1.14	1.36	1.30	1.08	5.80
	SZ8-2	0.73	1.28	-0.92	1.31	1.70	0.56	0.78	47.80
小潮	CT1-1	0.50	0.73	—	0.66	0.78	0.64	0.67	21.40
	NZ6	0.64	1.07	-0.59	0.63	1.08	0.98	0.92	5.30
	SZ8-2	0.56	1.21	-0.24	1.02	1.46	0.55	0.87	47.30

　　CT1-1 测点所在的澄通河段位于长江河口段的潮流界以下,大、中、小潮期间,落潮平均流速明显高于涨潮平均流速,落潮最大流速则稍高于涨潮最大流速,且随着潮差的变小差距逐渐变小,落潮历时均较涨潮历时长,这表明该河段落潮流占明显的优势地位,为不规则的半日潮。SZ8-2 测点位于长江口南支白茆沙南水道上段,水深同样一天内两涨两落。大、中、小潮期间,落潮平均流速明显高于涨潮平均流速,落潮最大流速则高于涨潮最大流速,落潮历时均较涨潮历时长,这表明该河段同样是落潮流占优势地位。NZ6 测点位于长江口北支入口附近,大、中潮时,涨潮平均流速和最大流速明显高于落潮平均流速和最大流速,涨潮历时也比落潮历时长。小潮时,涨、落潮的平均流速、最大流速及历时相差不大,这表明长江口北支大中潮落潮流占明显的优势地位,这种潮汐不对称性主要由于长江口北支断面从下游到上游不断缩窄,潮波变形所致(尹倩瑜等,2013)。

　　受径流和潮汐双重作用,落潮流占优的 CT1-1 和 SZ8-4 测点水深一天内出现两涨两落的现象,相应流速出现两涨两落,其中 CT1-1 由于距离入海口相对较远,小潮涨潮时不出现反向流速。空间上,落潮时最大流速出现在水体表层(0.8H~1H 层),表层至底层流速基本呈减小趋势,而涨潮期间流速的垂向分布情况较为复杂(见图 3-7~图 3-8)。CT1-1 测点涨潮时最大流速出现在水体表层,但涨急和涨憩时刻流速 0.2H 层以上相差不大,可能原因是 CT1-1 位于通州沙河段,离入海口相对较远,涨潮期最大流速出现在涨潮初期,基本保留了径流的流速垂向分布特点,随着涨潮流作用的加强,在涨潮流和径流的综合作用下,流速垂向分布变的均匀,与 CT1-1 测点相比,SZ8-4 测点的涨潮流作用增强,大潮时,涨潮流最大流速为反向流速,最大流速又出现在水体表层,但小潮时涨潮流的作用较小,涨潮流流速仍表现出与 CT1-1 测点相似的规律。

　　与上述两个测点不同,NZ6 测点 24 h 内水深出现四涨四落的不规则周期涨落潮流现象,主要原因可能是南北支的水位差,裴诚和朱建荣(2012)在枯季观察到相同现象,但他们认为径流量大于 22 300 m³/s 时此现象不会出现,但第二次和第四次涨落过程潮差较小,水流流速变化不大(见图 3-9)。空间上,涨落潮时最大流速均出现在 0.6H~0.8H 层,表层流速略小于最大流速层,0.6H 层~顶层流速逐渐减小(见图 3-10)。

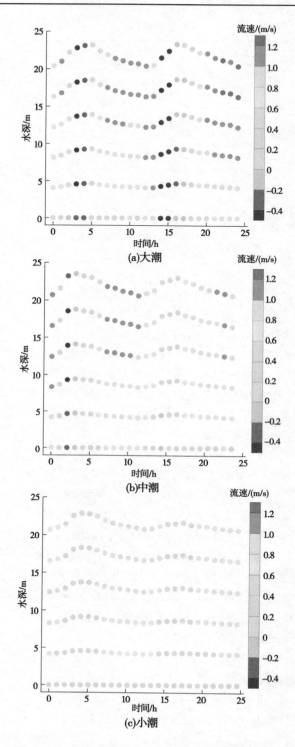

图 3-7　CT1-1 测点流速变化剖面图(通州沙上段)

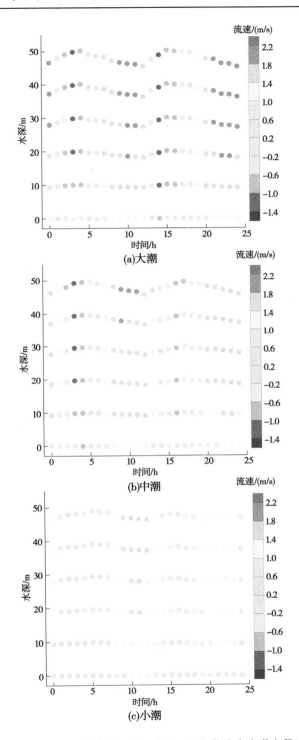

图 3-8　SZ8-2 测点流速变化剖面图(白茆沙南水道上段)

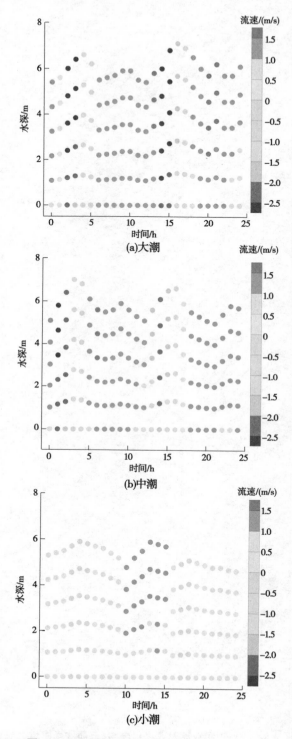

图 3-9　NZ6 测点流速变化剖面图 (北支上段)

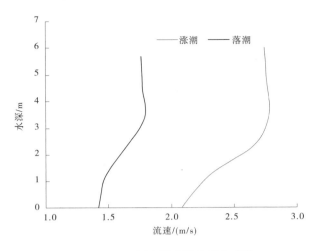

图 3-10　NZ6 测点最大流速垂向变化

3.4　黏性泥沙时空变化

3.4.1　黏性泥沙平面格局

以悬沙浓度为参数,在纵向上,选取 CT1-2(通州沙东水道进口)、CT3-3(狼山沙东水道进口)、SZ8-1(南支白茆沙南水道进口)为研究对象进行分析。从表 3-13 中可以看出,大、中潮时,从通州沙东水道进口到南支白茆沙南水道进口约 50 km 的距离处测点平均悬沙浓度逐渐增大,增幅约 80%;小潮时,从通州沙东水道进口到狼山沙东水道进口测点平均悬沙浓度减小,减幅为 38%,而从狼山沙东水道进口到白茆沙南水道进口测点平均悬沙浓度则增加,狼山沙东水道进口测点为平均悬沙浓度拐点主要是因为小潮时越往上游涨潮流作用越小,涨潮流作用越小一方面降低了涨潮过程带入的外海泥沙量,另一方面降低了平均流速。

在横向上,选取测点 SZ7-1(南支白茆沙北水道进口)、SZ8-1(南支白茆沙南水道进口)和 NZ6(北支进口)分析南北支悬沙浓度变化;CT3-3(狼山沙东水道进口)、CT4-2(狼山沙西水道进口)和 CT5(福山水道)分析狼山沙河段悬沙浓度横向变化;CT1(通州沙东水道进口)和 CT2(通州沙西水道进口)进行分析。由表 3-13 中可知:南支南北水道测点的平均悬沙浓度相差不大,而北支测点的平均悬沙浓度大、中潮时约为南支测点的 5 倍,小潮时约为 1.4 倍,主要原因是北支为涨潮流占优的河道,大、中涨潮时最大反向流速约是南支的 2~3 倍,由此可以看出,测点泥沙主要为涨潮过程中挟带的下游泥沙。上游从福山水道—狼山沙西水道—狼山沙东水道测点平均悬沙浓度成缓慢增大趋势,增幅约 50%。主要原因是:福山水道历史上曾经是长江的主要水道,但自 20 世纪 30 年代老狼山沙涨接常阴沙后上游水道消失,福山水道变为无径流来源的涨潮槽,全靠涨潮流维持,因此福山水道水体中的悬沙浓度主要取决于涨潮流流速,而狼山沙东西水道受径流和潮流的双重作用,其悬沙浓度与涨潮流、落潮流流速都相关。从表 3-13 中可以看出,大潮时,福山水道测点涨潮流最大流速为狼山沙西水道测点涨潮流最大流速的 0.75 倍、落潮流最大流速的 0.44 倍,狼山沙东水道测点涨潮流最大流速的 0.64 倍、落潮流最大流速的 0.38 倍,福山水道较小的流速一方面降低了床面泥沙的再悬浮量,另一方面较大地促进了悬沙的絮凝沉降,两者综合作用下导致福山水道悬沙浓度最小。虽然,通州沙东水道是主流道,落潮流最大流速也比西水道大,但由于东水道过水断面面积较大,其涨潮流最大负向流速反而小于西水道,从而造成两水道悬沙浓度相差不大。

表 3-13　典型测点平均流速、平均悬沙浓度、最大流速统计

潮型	测点		平均流速/ (m/s)	涨潮最大流速/ (m/s)	落潮最大流速/ (m/s)	平均悬沙浓度/ (kg/m³)
	编号	位置				
大潮	CT1-2	通州沙东水道	0.86	−0.87	1.35	0.11
	CT2	通州沙西水道	0.84	−1.11	1.16	0.13
	CT3-3	狼山沙东水道	0.88	−0.84	1.43	0.18
	SZ8-1	白茆沙南水道	0.93	−1.50	1.25	0.20
	SZ7-1	白茆沙北水道	1.03	−1.15	1.65	0.20
	NZ6	北支	1.47	−2.76	1.65	0.95
	CT4-2	狼山沙西水道	0.79	−0.72	1.24	0.12
	CT5	福山水道	0.17	−0.54	0.23	0.08
中潮	CT1-2	通州沙东水道	0.80	−0.64	1.03	0.09
	CT2	通州沙西水道	0.77	−0.92	1.07	0.08
	CT3-3	狼山沙东水道	0.84	−0.55	1.28	0.14
	SZ8-1	白茆沙南水道	0.83	−0.86	1.21	0.16
	SZ7-1	白茆沙北水道	0.93	−0.78	1.58	0.22
	NZ6	北支	1.36	−2.42	1.44	0.92
	CT4-2	狼山沙西水道	0.70	−0.49	1.19	0.09
	CT5	福山水道	0.15	−0.50	0.13	0.07
小潮	CT1-2	通州沙东水道	0.71	—	1.05	0.08
	CT2	通州沙西水道	0.59	−0.37	0.92	0.07
	CT3-3	狼山沙东水道	0.66	−0.11	1.10	0.13
	SZ8-1	白茆沙南水道	0.51	−0.48	0.95	0.08
	SZ7-1	白茆沙北水道	0.55	−0.32	1.06	0.09
	NZ6	北支	0.58	−0.59	1.08	0.13
	CT4-2	狼山沙西水道	0.57	—	0.91	0.05
	CT5	福山水道	0.08	−0.14	0.11	0.05

综上所示,纵向上,悬沙浓度沿河口方向呈增大趋势,横向上,自通州沙水道进口至南北支上段,悬沙浓度从南向北呈增大趋势,特别是北支平均悬沙浓度远大于南支。

3.4.2　黏性泥沙垂向分布

在涨落潮流变化过程中,部分泥沙不断地经历悬浮、落淤、再悬浮的过程,从而造成悬沙在垂向上分布较复杂,大致可分为准直线型、斜线型、抛物线型和混合型(Whitehouse 等,2000;陈沈良等,2003)。准直线型的特点是由表层至底层变化很小,在整个水深范围内的悬沙浓度趋于均匀,在目前水沙条件下长江口河段此类型已较少出现;斜线型的分布在垂向上变化率均一,由表层至底层之间增加,如图 3-11(a)中涨憩和落憩时刻;抛物线型也就是 L 型,主要表现为底部悬沙浓度突然变化,如图 3-11(b)中落急时刻;混合型则是一种无规则的变化形态,如图 3-11(b)中的涨急、涨憩和落急时刻,主要表现是在上层区域悬沙浓度会有一个明显的拐点,可能是受絮凝和盐淡水交汇等作用的影响。

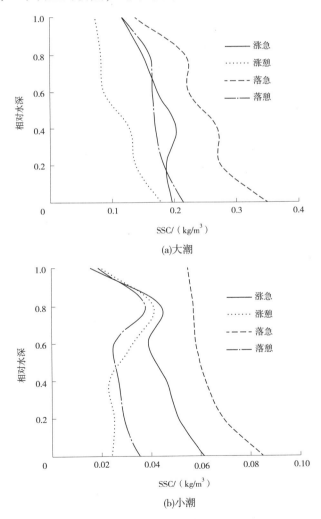

图 3-11　SZ8-2 测点大小典型时刻悬沙浓度垂向分布

虽然河口悬沙浓度垂向分布有多种形式,但是很多学者仍采用 Rouse 公式作为河口悬沙浓度垂向分布规律的基本拟合公式(朱传芳,2007;时钟,2004;杨云平等,2012;Chandrasekhar,1961)。从 Rouse 公式计算值和实测值的对比中可以看出(见图 3-12),悬沙浓度垂线分布计算值与实测数据存在一定的差距,但仅考虑 $0.2H \sim 0.8H$ 范围内,Rouse 公式仍有一定的适用性。因此,选用 SZ8-2 测点大潮涨急、涨憩、落急、落憩 4 个时刻悬沙浓度 $0.2H \sim 0.8H$ 范围内的实测数据,通过对比 Rouse 公式计算得到的悬沙沉速和实际悬沙沉速来初步分析絮凝在悬沙浓度垂向分布中的作用。Rouse 公式计算悬沙沉速的推导过程如下:首先假设悬沙浓度垂向分布,可用 Rouse 公式表示为:

$$\frac{c}{c_a} = \left[\frac{\frac{h}{y} - 1}{\frac{h}{a} - 1}\right]^{z} \tag{3-1}$$

式中:c_a 为参考悬沙浓度,g/L;a 为参考距离;h 为水深,m;Z 为泥沙悬浮指标,$Z = \omega_s / \kappa u^*$,$\omega_s$ 为悬沙颗粒沉速,κ 为卡门常数,u^* 为摩阻流速,可用 $\bar{u}/u^* = 9.26\ h^{1/6}$ 计算。

对 Rouse 公式等号两侧取对数,得到:

$$\lg c = \lg c_a + Z \lg\left(\frac{h-y}{y} \cdot \frac{a}{h-a}\right) \tag{3-2}$$

利用最小二乘法求解式(3-2)可得:

$$Z = \frac{\sum_{i=1}^{n}\left[\ln\left(\frac{h-y_i}{y_i}\right) - \bar{B}\right]\left[\ln c_i - \bar{A}\right]}{\sum_{i=1}^{n}\left[\ln\left(\frac{h-y_i}{y_i}\right) - \bar{B}\right]^2} \tag{3-3}$$

式中:n 为垂向测点总数目;c_i 为垂向第 i 测点悬沙浓度;y_i 为垂向第 i 测点水深;$\bar{A} = \left[\sum_{i=1}^{n}\ln\left(\frac{h-y_i}{y_i}\right)\right] / n$;$\bar{B} = \left(\sum_{i=1}^{n}\ln c_i\right) / n$。

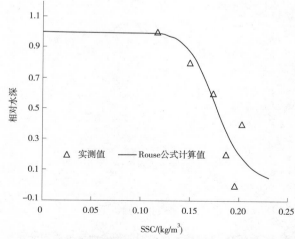

图 3-12   SZ8-2 测点大潮涨急泥沙浓度垂向分布计算值与实测值对比

表 3-14 是 SZ8-2 测点大潮涨急、涨憩、落急、落憩时刻悬沙浓度各公式计算值。根据

Z 的物理意义,悬浮指标 Z 越大,表示重力作用越明显,Z 越小,表示紊动作用越明显,表中 Z(涨急)<Z(涨憩),Z(落急)<Z(落憩),表明涨急的紊动作用强于涨憩,落急的紊动作用强于落憩,且落急时刻的紊动作用最大,这与落急时刻的流速最大正好相对应,由此可知,计算的 Z 值定性上是正确的。从表中还可看出,Rouse 公式计算出来的悬沙的沉速远大于通过斯托克斯公式计算值,在 3~12 倍,而这种悬沙实际沉速远大于斯托克斯公式计算值的原因就是河口悬沙会絮凝形成絮团增大颗粒沉速,也就是说絮凝对悬沙的垂向分布具有重要的影响作用。

表 3-14　SZ8-2 测点大潮涨急、涨憩、落急、落憩时刻悬沙浓度各公式计算值

潮型	时刻	悬沙平均粒径/ mm	Z	沉速/(cm/s)	
				Rouse 公式	斯托克斯公式
大潮	涨急	0.014	0.09	0.19	0.018
	涨憩	0.013	0.20	0.13	0.015
	落急	0.016	0.02	0.09	0.023
	落憩	0.014	0.10	0.22	0.018

3.5　床沙粒径变化

选取 CT1-2(通州沙东水道进口)、CT3-3(狼山沙东水道进口)、SZ8-1(南支白茆沙南水道进口)为研究对象分析床沙粒径纵向变化。床沙粒径组成主要与悬沙絮凝沉降和床沙的再悬浮相关,而水流流速决定了悬沙絮凝形成絮团的尺寸和再悬浮床沙的级配和数量,即水流流速是床沙粒径变化的主要影响因素。从表 3-15 中可以看出,大、中潮时,从通州沙东水道进口到南支白茆沙南水道进口约 50 km 的距离处测点最大流速逐渐增大、平均床沙粒径逐渐减小、床沙最大粒径则逐渐增大,小潮时,由于涨潮流范围等因素的影响,床沙粒径纵向变化规律不明显。

表 3-15　典型测点平均流速、最大流速、平均悬沙浓度、床沙平均粒径及最大粒径统计

潮型	测点		平均流速/ (m/s)	最大流速/ (m/s)	平均悬沙浓度/(kg/m³)	床沙平均粒径/mm	床沙最大粒径/mm
	编号	位置					
大潮	CT1-2	通州沙东水道	0.86	1.35	0.11	0.21	0.48
	CT2	通州沙西水道	0.84	1.16	0.13	0.10	0.68
	CT3-3	狼山沙东水道	0.88	1.43	0.18	0.17	0.44
	SZ8-1	白茆沙南水道	0.93	1.5	0.20	0.13	0.39
	SZ7-1	白茆沙北水道	1.03	1.65	0.20	0.12	0.37
	NZ6	北支	1.47	2.76	0.95	0.12	0.31
	CT4-2	狼山沙西水道	0.79	1.24	0.12	0.12	0.59
	CT5	福山水道	0.17	0.54	0.08	0.03	0.27

续表 3-15

潮型	测点		平均流速/（m/s）	最大流速/（m/s）	平均悬沙浓度/（kg/m³）	床沙平均粒径/mm	床沙最大粒径/mm
	编号	位置					
中潮	CT1-2	通州沙东水道	0.80	1.03	0.09	0.20	0.47
	CT2	通州沙西水道	0.77	1.07	0.08	0.08	0.59
	CT3-3	狼山沙东水道	0.84	1.28	0.14	0.15	0.46
	SZ8-1	白茆沙南水道	0.83	1.29	0.16	0.11	0.45
	SZ7-1	白茆沙北水道	0.93	1.58	0.22	0.12	0.39
	NZ6	北支	1.36	2.42	0.92	0.10	0.28
	CT4-2	狼山沙西水道	0.70	1.19	0.09	0.10	0.57
	CT5	福山水道	0.15	0.5	0.07	0.02	0.27
小潮	CT1-2	通州沙东水道	0.71	1.05	0.08	0.20	0.51
	CT2	通州沙西水道	0.59	0.92	0.07	0.10	0.48
	CT3-3	狼山沙东水道	0.66	1.1	0.13	0.17	0.49
	SZ8-1	白茆沙南水道	0.51	0.95	0.13	0.13	0.32
	SZ7-1	白茆沙北水道	0.55	1.06	0.09	0.11	0.28
	NZ6	北支	0.58	1.08	0.13	0.12	0.28
	CT4-2	狼山沙西水道	0.57	0.91	0.05	0.13	0.37
	CT5	福山水道	0.08	0.14	0.05	0.02	0.27

　　选取测点 SZ7-1（南支白茆沙北水道进口）、SZ8-1（南支白茆沙南水道进口）和 NZ6（北支进口）分析南北支床沙粒径的变化；CT3-3（狼山沙东水道进口）、CT4-2（狼山沙西水道进口）和 CT5（福山水道）分析狼山沙河段横向变化；CT1-2（通州沙东水道进口）和 CT2（通州沙西水道进口）分析通州沙段床沙粒径的横向变化。由表 3-15 可知：南支和北支测点床沙平均粒径相差不大，但由于最大流速的影响，北支床沙最大粒径<白茆沙南水道最大粒径<白茆沙北水道最大粒径。上游从福山水道—狼山沙西水道—狼山沙东水道测点平均床沙粒径呈逐渐增大趋势，最大粒径则呈先增大后减小的趋势，与最大流速的变化是一致的。大、中潮时，通州沙东水道床沙平均粒径大于西水道床沙平均粒径，最大流速大于西水道最大流速，而最大粒径小于西水道床沙最大粒径；小潮时，通州沙东水道床沙平均粒径大于西水道床沙平均粒径，通州沙东水道最大流速和床沙最大粒径均大于西水道最大流速和床沙最大粒径。从以上的变化中可以看出，床沙最大粒径随着最大流速的增加表现出先增加后减小的规律，也就是说存在最大流速拐点，从大、中潮床沙最大粒径与最大流速的关系图中可以看出（见图 3-13），研究范围内最大流速对床沙最大粒径影响的拐点为 1.0~1.2 m/s。

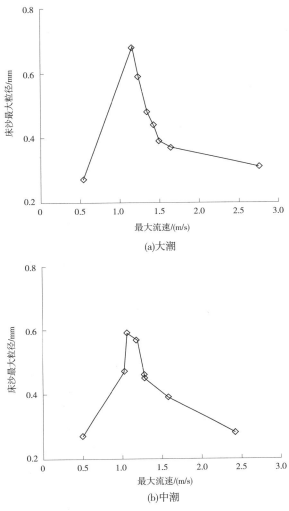

(a) 大潮

(b) 中潮

图 3-13　典型测点最大流速与床沙最大粒径关系

3.6　黏性泥沙和床沙滩槽变化

以 SZ8-1 和 SZ8-2 测点为例分析了滩槽悬沙和床沙的变化情况,其中 SZ8-1 测点在滩地,SZ8-2 测点在深槽,断面位置如图 3-14 所示。从表 3-16 和图 3-15 中可以看出,滩地平均流速和最大流速均小于深槽平均流速和最大流速;滩地平均悬沙浓度均大于深槽平均悬沙浓度,且大潮平均悬沙浓度最大、中潮次之、小潮最小;对于床沙而言,大、中、小潮滩地床沙平均粒径均大于深槽床沙平均粒径,但从大潮到小潮的变化过程中,深槽床沙平均粒径逐渐增大,浅滩粒径则变化不明显。出现深槽床沙平均粒径小于滩地的主要原因是深槽最大流速高于滩地最大流速,悬沙在高水流剪切力作用下絮凝形成尺寸较小但沉速较快的絮团,这些絮团沉降至床面从而导致深槽平均粒径小于滩地平均粒径,同时沉降在床面上的泥沙絮团在深槽高水深压力作用下较密实,造成深槽床沙起动流速比深槽大,从而导致深槽悬沙浓度较小。

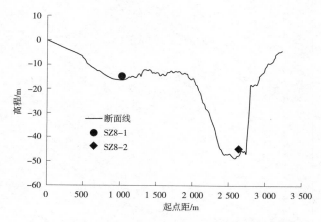

图 3-14　SZ8-1 和 SZ8-2 测点断面位置示意图

表 3-16　平均流速、最大流速、平均悬沙浓度、床沙平均粒径及最大粒径滩槽变化统计

潮型	测点	平均流速/ (m/s)	最大流速/ (m/s)	平均悬沙浓度/ (kg/m³)	床沙平均 粒径/mm	床沙最大 粒径/mm
大潮	SZ8-1(滩地)	0.93	1.5	0.20	0.13	0.39
	SZ8-2(深槽)	1.14	1.81	0.15	0.02	0.28
中潮	SZ8-1(滩地)	0.83	1.29	0.16	0.11	0.45
	SZ8-2(深槽)	0.94	1.70	0.12	0.04	0.28
小潮	SZ8-1(滩地)	0.51	0.95	0.08	0.13	0.32
	SZ8-2(深槽)	0.66	1.46	0.03	0.06	0.35

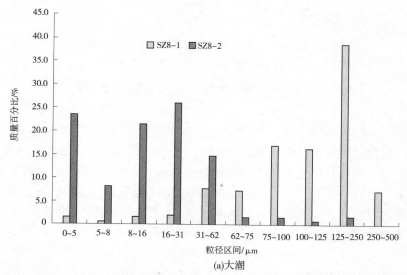

(a)大潮

图 3-15　滩地(SZ8-1)和深槽(SZ8-2)床沙级配对比

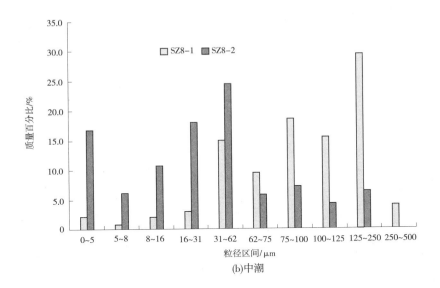

(b)中潮

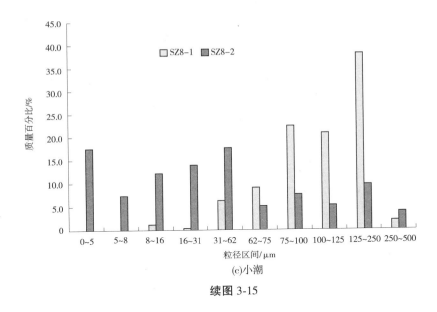

(c)小潮

续图 3-15

3.7　小　结

本章根据实测资料分析了长江口典型河段水沙时空变化规律,主要结论如下:

(1)通州沙河段、徐六泾河段和南支上段落潮流占优,24 h 内水深两涨两落;北支则是涨潮流占优河段,且 24 h 内出现四涨四落的不规则周期涨落潮流现象,可能是由南北支的水位差引起的。

(2)落潮流占优河段落潮时最大流速出现在水体表层(0.8H~1H 层),表层至底层流速基本呈减小趋势,而涨潮期间流速的垂向分布情况较为复杂;涨潮流占优河段涨落潮时最大流速均出现在 $0.6H \sim 0.8H$ 层,表层流速略小于最大流速层,$0.6H$ 层~顶层流速逐渐减小。

(3)悬沙平均浓度沿河口方向呈增大趋势,横向上,自通州沙水道进口至南北支上段,平均悬沙浓度从南向北呈增大趋势,特别是北支平均悬沙浓度远大于南支;悬沙浓度垂向分布有斜线型、抛物线型和混合型,利用悬沙浓度垂向分布计算出来的沉速是斯托克斯公式计算值的 3~12 倍,也就是说絮凝对悬沙浓度分布有着重要的影响作用。

(4)滩地平均流速和最大流速均小于深槽平均流速和最大流速;滩地平均悬沙浓度均大于深槽平均悬沙浓度,且大潮平均悬沙浓度最大、中潮次之、小潮最小;对于床沙而言,大、中、小潮滩地床沙平均粒径均大于深槽床沙平均粒径,但从大潮到小潮的变化过程中,深槽床沙平均粒径逐渐增大,浅滩粒径则变化不明显。

第 4 章　　河流黏性泥沙絮凝沉降试验研究

　　不同的环境条件下,黏性泥沙絮凝沉降过程有所不同,本章主要利用同轴旋转圆筒产生运动水流,进行了典型河流黏性细颗粒泥沙絮凝沉降试验,深入研究了电解质、高分子聚合物、初始含沙量、水流强度、深度等因素单独或综合作用对河流黏性泥沙絮凝沉降特性的影响规律,探讨了其影响机制。

4.1　　试验材料

　　试验所用泥沙取自黄河花园口河滩淤泥,淤泥取回后,先置于阴凉通风处自然风干,过 200 目筛去除杂质及粗颗粒泥沙后装袋备用。图 4-1 为试验所用泥沙初始粒径级配曲线。由图 4-1 可知:沙样粒径分布范围较广,但粒径低于 30 μm 的细颗粒泥沙达到 90%,能用于黏性细颗粒泥沙特性研究。试验中,初始含沙量取 1 kg/m^3、4 kg/m^3、7 kg/m^3、10 kg/m^3 和 15 kg/m^3;电解质选用 NaCl,CaCl$_2$ 和 AlCl$_3$ 三种价态,浓度取 0.1 mmol/L、1 mmol/L 和 10 mmol/L 3 个量级;高分子聚合物选用非离子型聚丙烯酰胺(PAM),添加量为干沙质量的 1‰、10‰ 和 20‰。

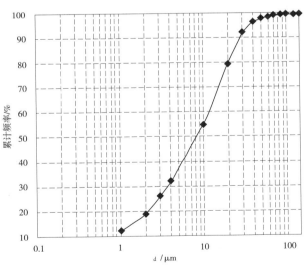

图 4-1　黏性泥沙絮凝试验所用沙样级配曲线

4.2　　试验装置及方法

　　试验在自制的同轴旋转圆筒中进行,旋转圆筒外筒半径为 250 mm,内筒半径为 100

mm,外筒高 800 mm,内筒高 750 mm,沿外筒一侧每隔 100 mm 等间距设置 7 个取样口(见图 4-2)。试验时,外筒固定不动,内筒可以转动,内筒转动过程中可使两筒间产生运动水流,内筒转速通过变频电机控制,在 5 ~ 160 r/min 之间连续可调,试验中选用 0、20 r/min、30 r/min、45 r/min、69 r/min、90 r/min、120 r/min 7 种转速。试验水深取 500 mm,自下而上选择 3 个取样口取样(编号依次为 G1、G2、G3),3 个取样口距圆筒底部的距离分别为 100 mm、200 mm、300 mm。

(a)正视图　　　　　　　　　　　　　　　(b)俯视图

图 4-2　同轴旋转双筒试验装置

同轴旋转圆筒内筒转动时,两筒间的水体会随着内筒运动,形成库艾特流。当转速较小时,水流为层流,当内筒转速大于第一临界转速 ω_{c1}(serra 等,1997)时:

$$\omega_{c1} = \frac{60v}{2\pi}\left[\frac{3\,390(R_2^2 - R_1^2)}{4R_1^2(R_2 - R_1)^4}\right]^{0.5} \tag{4-1}$$

式中:R_1 为内筒半径,m;R_2 为外筒半径,m;v 为流体运动黏度,m²/s,其流态逐渐变得不稳定($\omega_{c1} = 0.03$ r/min)。

继续增加转速,将开始产生泰勒涡,这些泰勒涡沿轴线方向均匀分布,相邻漩涡方向相反。当转速超过第二临界转速 ω_{c2}(Margalef,1994)时:

$$\omega_{c2} = \frac{3.16 \times 10^2(R_2 - R_1)^{0.7}v}{R_2^{2.7}} \tag{4-2}$$

流态将会发展成紊流($\omega_{c2} = 35.47$ r/min)。虽然式(4-2)是通过固定内筒,转动外筒推导出来的,但其可作为衡量水流流态是否发展成紊流的一个参数,本试验中内筒转速在 5 ~ 150 r/min 连续可调,所以层流和紊流均可得到。采用水流剪切强度反映水流强弱,水流剪切强度越大意味着水流强度越大。当水流为层流时,整个体系的平均剪切强度为:

$$G = \frac{1}{R_2 - R_1} \int_{R_1}^{R_2} \frac{2\omega_c R_1^2 R_2^2}{(R_2^2 - R_1^2) r'^2} \mathrm{d}r' \tag{4-3}$$

式中:G 为水流剪切强度;ω_c 为内筒旋转角速度;r' 为两筒之间的距离。将式(4-3)积分可得:

$$G = \frac{2\omega_c R_1 R_2}{R_2^2 - R_1^2} \tag{4-4}$$

当水流为紊流时,根据紊动水流性质,水流剪切强度为:

$$G = \sqrt{\frac{\varepsilon}{\nu}} \tag{4-5}$$

式中:ε 为单位质量的能量耗散,且

$$\varepsilon = \gamma_1 \frac{u'^3}{l'} \tag{4-6}$$

式中:u' 为特征流速;l' 为特征尺度;γ_1 为率定参数。特征尺度 l' 为两筒的间距 R_2-R_1;u' 与平均流速 $\bar{u}$ 之间满足 $u' \sim \bar{u}$,而平均流速(Priya 等,2015)为:

$$\bar{u} = \frac{2\omega R_1^2}{3(R_2^2 - R_1^2)^2}(R_1^3 + 2R_2^3 - 3R_1 R_2^2) \tag{4-7}$$

进而可得到紊动水流的剪切强度。计算时,假设层流到紊流的变化过程中剪切强度是连续的,即内筒转速等于第二临界转速时,层流和紊流计算的剪切强度是相等的,由此得到 $\gamma_1 = 0.03$,进而计算得到不同转速所对应的水流剪切强度(见表4-1)。

表 4-1　水流剪切强度计算

转速/(r/min)	0	20	30	45	60	90	120
G/s^{-1}	0	1.38	2.54	4.67	7.19	13.2	20.3

沉降试验前充分搅拌泥沙悬浊液,尽量使泥沙在垂向上分布均匀。在沉降试验中,在不同时间点上通过取样口取出 50 mL 泥沙悬液,部分样品采用外加热法计算泥沙浓度,用于研究黏性泥沙沉降特性,部分样品通过扫描电镜观测泥沙絮团结构,用于分析影响机制。

4.3　试验方案

试验主要研究动静水环境下电解质、高分子聚合物、初始含沙量、水流强度单独或综合作用下对黏性泥沙絮凝沉降特性的影响规律,共进行 3 组 119 次试验,分别为:

(1)固定初始含沙量为 4 kg/m³,改变内筒旋转速度(0、20 r/min、30 r/min、45 r/min、60 r/min、90 r/min 和 120 r/min),不加入电解质和高分子聚合物,进行 7 组实验;

(2)根据(1)的试验结果,选用 0、20 r/min、45 r/min 和 90 r/min 4 个内筒旋转速度,在 4 种转速下,分别加入 $NaCl$、$CaCl_2$、$AlCl_3$(0.1 mmol/L,1 mmol/L 和 10 mmol/L)和 PAM(1‰、10‰和20‰),进行 48 组试验;

(3)根据(1)和(2)的试验结果,电解质选用 0 和 1 mmol/L 的 $AlCl_3$,高分子聚合物

选用 1‰ 和 10‰ 的 PAM，内筒旋转速度选用 0、20 r/min、45 r/min 和 90 r/min，改变初始泥沙浓度（1 kg/m³、7 kg/m³、10 kg/m³ 和 15 kg/m³），进行 64 组试验。

取样时间为 0、0.5 min、1 min、3 min、5 min、7 min、10 min、15 min，试验组成安排见表 4-2。

表 4-2　黏性泥沙絮凝沉降试验组次安排

浓度/ （kg/m³）	转速/ （r/min）	NaCl/（mmol/L）	CaCl₂/（mmol/L）	AlCl₃/（mmol/L）	PAM/‰
1	0	—	—	2（0、1）	—
	20	—	—	2（0、1）	—
	45	—	—	2（0、1）	—
	90	—	—	2（0、1）	—
	0	—	—	—	2（1、10）
	20	—	—	—	2（1、10）
	45	—	—	—	2（1、10）
	90	—	—	—	2（1、10）
4	0	—	—	—	—
	20	—	—	—	—
	30	—	—	—	—
	45	—	—	—	—
	60	—	—	—	—
	90	—	—	—	—
	120	—	—	—	—
	0	3（0.1、1、10）	3（0.1、1、10）	3（0.1、1、10）	3（1、10、20）
	20	3（0.1、1、10）	3（0.1、1、10）	3（0.1、1、10）	3（1、10、20）
	45	3（0.1、1、10）	3（0.1、1、10）	3（0.1、1、10）	3（1、10、20）
	90	3（0.1、1、10）	3（0.1、1、10）	3（0.1、1、10）	3（1、10、20）
7	0	—	—	2（0、1）	—
	20	—	—	2（0、1）	—
	45	—	—	2（0、1）	—
	90	—	—	2（0、1）	—
	0	—	—	—	2（1、10）
	20	—	—	—	2（1、10）
	45	—	—	—	2（1、10）
	90	—	—	—	2（1、10）

续表 4-2

浓度/ (kg/m³)	转速/ (r/min)	NaCl/(mmol/L)	CaCl₂/(mmol/L)	AlCl₃/(mmol/L)	PAM/‰
10	0	—	—	2(0、1)	—
	20	—	—	2(0、1)	—
	45	—	—	2(0、1)	—
	90	—	—	2(0、1)	—
	0	—	—	—	2(1、10)
	20	—	—	—	2(1、10)
	45	—	—	—	2(1、10)
	90	—	—	—	2(1、10)
15	0	—	—	2(0、1)	—
	20	—	—	2(0、1)	—
	45	—	—	2(0、1)	—
	90	—	—	2(0、1)	—
	0	—	—	—	2(1、10)
	20	—	—	—	2(1、10)
	45	—	—	—	2(1、10)
	90	—	—	—	2(1、10)

注:2(0、1)的意思表示进行 2 次实验,浓度分别为 0 和 1。

4.4　结果分析与讨论

4.4.1　单因素影响分析

4.4.1.1　初始含沙量的影响

图 4-3 为水面下 0.2 m 和 0.4 m 处不同含沙量下泥沙浓度随时间的变化曲线,图中纵坐标将浓度进行了归一化处理。从图 4-3 中可以看出:不同初始含沙量下泥沙沉降特性是不一样的。当初始含沙量从 1 kg/m³ 增加到 10 kg/m³ 的过程中,初始含沙量的增加使泥沙颗粒之间的距离相对变短,颗粒之间的碰撞频率变大,促进黏性泥沙的絮凝,能在较短的时间内形成较多的泥沙絮团,黏性泥沙沉降性能得以提升,使泥沙浓度在很短时间内衰减到较小值。但对于稳定段而言,初始含沙量增加到一定程度后,继续增加含沙量时,泥沙沉降反而会变慢,泥沙浓度出现上升的现象,如初始含沙量从 10 kg/m³ 增至 15 kg/m³ 时,水面下 0.2 m 处稳定段的泥沙浓度从 0.04 kg/m³ 增加到 0.06 kg/m³。主要原因是:初始含沙量增至一定程度后,虽然能促进黏性泥沙的絮凝,但由于整个空间中泥沙颗粒(絮团)较多,泥沙絮团之间距离相对很短,絮团之间会相互黏结形成絮网一起运

动,而泥沙絮网结构松散,孔隙率高,沉速反而减小。

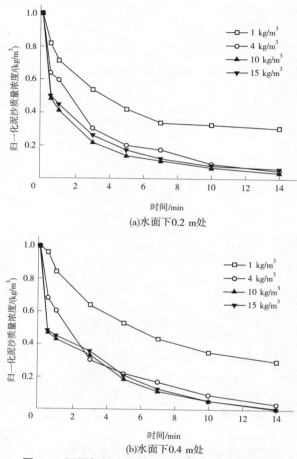

(a)水面下0.2 m处

(b)水面下0.4 m处

图 4-3　不同初始含沙量下泥沙浓度随时间变化曲线

综上可知,初始含沙量的增加能加快泥沙絮团的生成,促进黏性泥沙的絮凝沉降,且主要体现在初期,但当泥沙浓度增至一定程度后,悬液中的泥沙絮团会相互搭接形成絮网,泥沙沉降性能反而会随初始含沙量的增加而变差。

4.4.1.2　电解质的影响

以初始含沙量(4 kg/m³)研究了静水条件下电解质种类、添加量对黏性泥沙絮凝沉降特性的影响规律。

图 4-4 是水面下 0.4 m 处不同 $AlCl_3$ 量下泥沙浓度随时间的变化曲线;从图 4-4 中可以看出:当泥沙悬液中存在电解质时,泥沙浓度衰减较快,泥沙沉降性能有所提升。主要原因是:黏性泥沙颗粒一般带负电,当悬液中存在电解质时,电解质中的阳离子能中和泥沙颗粒表面的负电荷,减小泥沙颗粒表面双电层厚度,降低泥沙颗粒之间的电荷斥力,增加泥沙颗粒碰撞后的黏结机会,从而加快黏性细颗粒泥沙的絮凝,促进黏性细颗粒泥沙的沉降,但不同电解质种类和浓度下,其促进作用也不一样。对同一种电解质而言,随电解质浓度的增加,其促进作用先增强后减弱,也就是说存在最佳电解质浓度(图 4-4 中 $AlCl_3$

最佳浓度为 1.0 mmol/L),这主要是由于电解质浓度增加后,悬液中阳离子量增多,能中和泥沙颗粒表面更多的负电荷,促进泥沙絮凝沉降,然而,泥沙颗粒表面所带的负电荷总量是一定的,当电解质浓度达到一定程度时,阳离子中和完所有的负电荷后仍有剩余,其将附着在泥沙颗粒表面,使泥沙颗粒表面带上正电,进而造成泥沙颗粒间的排斥力增大,黏结概率降低,泥沙絮凝沉降变慢。

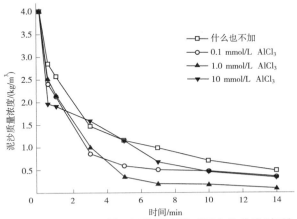

图 4-4　水面下 0.4 m 处不同 AlCl₃ 量下泥沙浓度随时间变化曲线(初始含沙量为 4 kg/m³)

图 4-5 是水面下 0.4 m 处不同电解质下泥沙浓度随时间变化曲线(电解质浓度为 1 mmol/L)。从图 4-5 中可以看出,对于不同种类的电解质,同一种浓度下,阳离子化合价越高,黏性泥沙絮凝作用越强烈,泥沙沉降越快,相应泥沙浓度衰减越快。主要原因是:同一浓度下,阳离子化合价越高,整个体系中阳离子浓度越大,能中和的负电荷越多,碰撞颗粒(絮团)黏结在一起的概率越大,泥沙絮凝现象越显著,如图 4-6 所示,电解质为 1 mmol/L 的 NaCl 时,体系中只形成零星的几个泥沙絮团;而电解质为 1 mmol/L 的 AlCl₃ 时,明显存在大量的絮团结构,絮凝作用较前者大幅度提高,相应泥沙沉降较快。

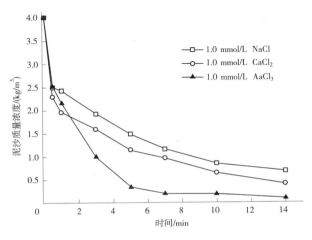

图 4-5　水面下 0.4 m 处不同电解质下泥沙浓度随时间变化曲线(初始含沙量为 4 kg/m³)

(a)1 mmol/L NaCl　　　　(b)1 mmol/L AlCl₃

图 4-6　不同电解质形成的泥沙絮团结构对比

4.4.1.3　高分子聚合物的影响

图 4-7 是水面下 0.4 m 处不同 PAM 量下泥沙浓度随时间的变化曲线。由图 4-7 可知：随 PAM 量的增加，泥沙浓度衰减速率先增后减，沉降性能则是先变强后减弱。主要原因是：PAM 是一种高分子聚合物，当其量较小时，能在悬液中完全舒展，吸附较多的泥沙颗粒［见图 4-8(a)］，进而以架桥的方式形成较多的泥沙絮团，促进黏性细颗粒泥沙絮凝沉降；但 PAM 量较多时，自身会蜷缩在一起［见图 4-8(b)］，吸附架桥能力大大减弱，对泥沙絮凝沉降的促进作用降低。

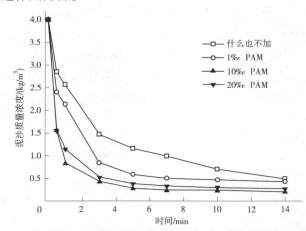

图 4-7　水面下 0.4 m 处不同 PAM 量下泥沙浓度随时间的变化曲线(初始含沙量为 4 kg/m³)

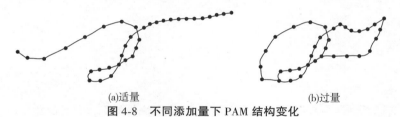

(a)适量　　　　　　(b)过量
图 4-8　不同添加量下 PAM 结构变化

4.4.1.4 水流的影响

图 4-9 为水面下 0.2 m 和 0.4 m 处不同水流剪切强度下泥沙浓度随时间的变化曲线（泥沙悬液中未添加电解质）。从图 4-9 中可以看出，泥沙浓度的变化过程可分为:快速下降段（0~1 min）、缓慢下降段和稳定段，且泥沙浓度的衰减主要在快速下降段。对于快速下降段，无论哪个位置，当水流剪切强度 $G \leqslant 4.67$ s^{-1} 时，相对静水环境（$G=0$）而言，泥沙浓度衰减变快，但随 G 的增加，此趋势变弱;而当 $G>4.67$ s^{-1} 时，快速下降段泥沙浓度衰减变慢，且水流强度越大，减缓作用越大，也就是说，弱水流促进快速下降段黏性泥沙的絮凝沉降，强水流阻碍快速下降段黏性泥沙的絮凝沉降，且水流越强，阻碍作用越大。主要原因是:初期（0~1 min），与静水环境相比，运动水流会增加泥沙颗粒的同向絮凝，促进泥沙絮团的生成，且此阶段形成的絮团尺寸不大、孔隙率低、密度较大、沉速较快（如 $t=60$ s 时，$G=0$，絮团平均粒径 $d_{avg}=29.84$ μm;$G=1.38$ s^{-1}，$d_{avg}=71.85$ μm）。当水流强度较小时（$G \leqslant 4.67$ s^{-1}），水流以层流为主，几乎不存在紊动掺混作用，此时，体系中以絮凝沉降为主，泥沙浓度衰减较快;但当水流剪切强度较大时（$G>4.67$ s^{-1}），水流为紊流，较强的水流剪切力会使絮团破碎（$G=13.2$ s^{-1}，$d_{avg}=27.63$ μm），且随着水流强度的增加，自下而上的紊动掺混作用更强烈，进一步阻碍体系中黏性泥沙的絮凝沉降。对于缓慢下降段和稳定段而言（1~15 min），上层区域内[见图 4-9（a）]，考虑水流作用后，缓慢下降段时间变短（$G=0$，缓慢下降段持续 11 min;$G=1.38$ s^{-1}，缓慢下降段持续 6 min，$G=13.2$ s^{-1}，缓慢下降段持续 4 min），进入稳定段时间提前，且随水流强度的增加，进入稳定段时间越早，稳定段的泥沙浓度越高（G 分别为 1.38 s^{-1}、4.67 s^{-1} 和 13.2 s^{-1} 时，稳定段的泥沙浓度分别约为 0.7 kg/m^3、1.7 kg/m^3 和 2.2 kg/m^3）。主要原因是:随着时间的延长，黏性泥沙形成的絮团尺寸持续增大（如 $G=0$，絮团最大粒径约 100 μm;$G=1.38$ s^{-1}，絮团最大粒径约 170 μm），而絮团粒径超过一定尺寸后，尺寸越大，孔隙率越高，密度越接近水体，沉降速率越小，从而造成低强度水流作用下稳定阶段泥沙浓度比静水时高;对于高强度水流（$G>4.67$ s^{-1}）而言，较强的水流剪切作用力会破坏大尺寸絮团生成密度较高的子絮团，一定程度上会加快泥沙沉降，但水流自下而上的紊动掺混作用又使泥沙浓度升高，且此作用占主要地位。下层区域内[见图 4-9（b）]，缓慢下降段和稳定段的变化与上层相似，不同的是水流强度较小时，缓慢下降段持续时间较长，主要是由上层区域泥沙补充所致。

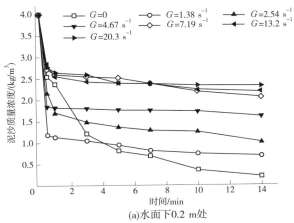

(a)水面下0.2 m处

图 4-9 不同水流剪切强度下泥沙浓度随时间变化曲线

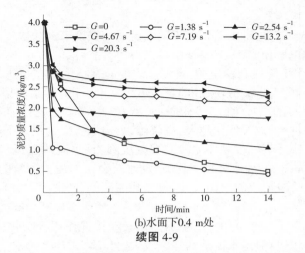

(b)水面下0.4 m处

续图 4-9

综上可知,低强度水流在初期促进黏性泥沙絮凝沉降,中后期由于生成大尺寸低密度的絮团起阻碍作用;高强度水流由于较强的水流剪切力和自上而下的紊动掺混则始终阻碍黏性泥沙絮凝沉降。

4.4.2　双因素影响分析

4.4.2.1　水流和电解质的综合影响

通过建立不同时间节点上泥沙浓度与电解质浓度和水流剪切强度的关系分析了水流强度和电解质双重作用下对黏性泥沙絮凝沉降的影响。

图 4-10 反映不同时间节点上水流剪切强度和 $AlCl_3$ 作用下水面下 0.4 m 处泥沙浓度分布情况(1 min、3 min、7 min、10 min 和 14 min)。由图 4-10 可知,电解质的存在将增强低强度水流对黏性泥沙絮凝沉降的作用,减弱高强度水流的作用。主要原因是:低水流强度下,当体系中同时存在电解质时,电解质的电中和作用进一步促进碰撞泥沙颗粒形成絮团,造成初期絮团尺寸增大(如 $t = 30$ s,$G = 1.38$ s^{-1},0 mmol/L $AlCl_3$ 时,$d_{avg} = 71.85$ μm;$t = 30$ s,$G = 1.38$ s^{-1},1 mmol/L $AlCl_3$ 时,$d_{avg} = 85.73$ μm),絮团沉降更快,同时中后期大尺寸絮团所占比例变大,从而加强低强度水流对黏性泥沙絮凝沉降的影响作用。对于高强度水流而言,电解质的存在不仅能促进泥沙絮凝生成大尺寸的絮团,而且较强的水流剪切作用力会破坏大尺寸泥沙絮团生成密度较高的子絮团,从而加快泥沙的沉降,一定程度上能减缓泥沙自下而上的掺混作用。

图 4-11 反映两种电解质($NaCl$ 和 $AlCl_3$)和不同水流剪切强度下泥沙浓度随时间的变化情况,从图 4-11 中可以看出:在相同浓度下,阳离子化合价越高,水流对黏性泥沙絮凝沉降的影响作用越明显,如电解质从 1 mmol/L $NaCl$ 变成 1 mmol/L $AlCl_3$ 时,低水流强度下($G = 1.38$ s^{-1}),稳定段泥沙浓度增加 25%;在高强度水流作用下($G = 13.2$ s^{-1}),稳定段泥沙浓度反而减少 2.6%。主要原因是:在相同浓度下,阳离子化合价越高,黏性泥沙絮凝现象越明显,对于低水流强度而言,稳定段所能形成的絮团尺寸越大($G = 1.38$ s^{-1},电解质从 1 mmol/L $NaCl$ 变成 1 mmol/L $AlCl_3$ 时,稳定段絮团最大粒径增加 12%),越不易沉降,从而造成稳定段泥沙浓度增加;而对于高强度水流而言,生成的大尺寸絮团易在

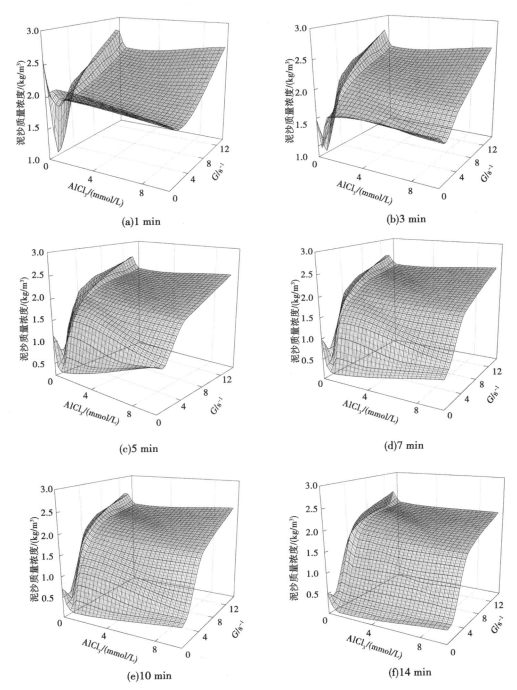

图 4-10　不同时间节点上泥沙浓度与水流剪切强度和 AlCl₃ 的关系(水面下 0.4 m)

强水流剪切力作用下发生破碎成密实小絮团,从而加快泥沙沉降,造成稳定段的泥沙浓度
下降。

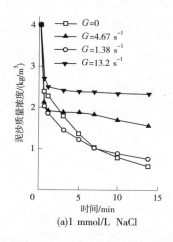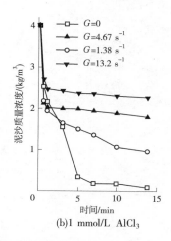

(a)1 mmol/L　NaCl　　　　　(b)1 mmol/L　AlCl₃

图 4-11　不同水流强度和电解质下泥沙浓度随时间的变化曲线（水面下 0.4 m）

综上可知,电解质的存在将分别增强和减弱高、低强度水流对黏性泥沙絮凝沉降的作用,在相同浓度下,阳离子化合价越高,水流对黏性泥沙絮凝沉降的影响作用越明显,特别是稳定段。

4.4.2.2　水流和初始含沙量的综合影响

图 4-12 为水面下 0.4 m 处不同时间节点上泥沙浓度随水流剪切强度及初始含沙量的变化曲线（1 min、3 min、7 min、10 min）。由图 4-12 可知:初始含沙量与水流强度交互影响着黏性泥沙的沉降特性,较高的初始含沙量或水流强度下泥沙沉降性能均较差,只有初始含沙量与水流剪切强度均较小时(如图中为 4 kg/m³ 和 1.38 s⁻¹),泥沙絮凝沉降较快,且这种作用只在初期较明显。主要原因是:此含沙量下不仅黏性泥沙絮凝速率较快,而且较小的水流剪切力对泥沙絮团破坏能力较少,因而泥沙絮凝沉降较快,但一段时间后,大部分泥沙絮团沉至旋转双筒底部,只有小部分极细泥沙颗粒存在于悬液中,且不易碰撞黏结,于是,初始含沙量及水流对黏性泥沙的絮凝沉降影响作用变小。

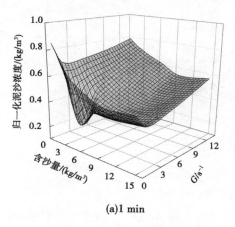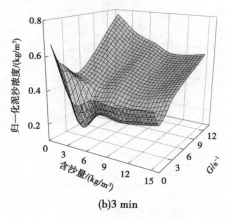

(a)1 min　　　　　　　　(b)3 min

图 4-12　不同时间节点上泥沙浓度随水流剪切强度及初始含沙量的变化曲线（水面下 0.4 m）

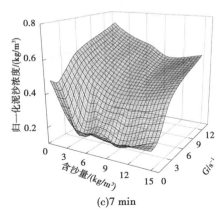
(c)7 min

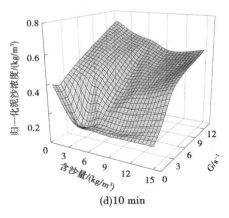
(d)10 min

续图 4-12

4.4.2.3　水流和深度的综合影响

以初始含沙量(4 kg/m³)分析了水流强度和深度对黏性泥沙絮凝沉降特性的交互影响规律。图 4-13 为水流剪切强度为 0 和 20.3 s⁻¹ 时水面下 0.2 m、0.3 m、0.4 m 处泥沙浓度随时间的变化曲线。由图 4-13 可知,当水流剪切强度 $G=0$ 时,旋转圆筒上部泥沙浓度衰减最快,中部次之,下部最慢,即上部泥沙沉降最快,中部次之,下部最慢。主要原因是:在黏性泥沙沉降过程中,上部区域沉降的泥沙会补充下部泥沙的损失,而且下部区域的絮团容易黏结在一起形成絮网,降低其沉降速度。但随水流剪切强度的增加,区域之间的差异逐渐变小,如沉降 7 min 后,水面下 0.2 m、0.3 m、0.4 m 处的泥沙分别为 2.37 kg/m³、2.41 kg/m³ 和 2.41 kg/m³,也就是说,随水流强度的增大,深度对黏性泥沙絮凝沉降的影响逐渐变弱。主要原因是:水流运动后,一方面,上部区域对下部区域的补充作用仍然存在,但较高的水流剪切力使这种作用变弱;另一方面,下部区域泥沙在水流紊动作用下向上掺混,两方面综合作用下各区域的泥沙浓度相差不大,深度的影响作用变弱。

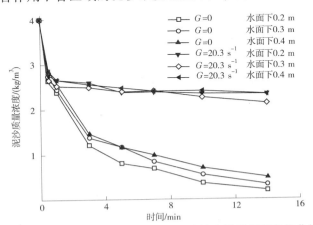

图 4-13　不同深度和水流强度下泥沙浓度随时间的变化曲线

综上可知,当水流强度较弱时,深度对泥沙沉降特性有较大影响,表现为上部区域沉降较快,中部区域次之,下部区域较慢,但这种影响作用随水流强度的增加而逐渐减弱。

4.4.3　多因素方差分析

4.4.3.1　水流、初始含沙量和电解质的综合影响

通过方差分析研究了水流剪切强度(G)、初始含沙量(S)及电解质三者综合作用下对黏性泥沙沉降特性的影响,其中电解质为 $AlCl_3$(Al^{3+})。在方差分析中,因变量为泥沙浓度变化率,3个自变量分别为 Al^{3+}、G 和 S。Al^{3+} 因子水平为 0 和 1 mmol/L;G 因子水平为 0、1.38 s^{-1}、4.67 s^{-1} 和 13.2 s^{-1};S 因子水平为 1 kg/m³、4 kg/m³、7 kg/m³、10 kg/m³ 和 15 kg/m³。表 4-3~表 4-6 给出了不同时间段水流剪切强度、初始含沙量及 $AlCl_3$ 3 个因素影响下的方差分析结果。由表 4-3~表 4-6 中数据可知:不同时间段的 P 值均小于 0.001,即水流、初始含沙量和电解质对黏性泥沙絮凝沉降特性的影响都是非常显著,但不同时间段内三者的影响是不一样的。在 0~1 min 内,$F(S)>F(G)>F(Al^{3+})$,即初始含沙量的影响最大,水流的作用次之,电解质影响最小;之后 $F(G)>F(Al^{3+})>F(S)$,水流作用最强,电解质次之,初始含沙量最小,且初始含沙量的影响作用随时间越来越弱。主要原因是:初始一段时间内,悬液中以黏性泥沙的碰撞黏结为主,初始含沙量的增加能大幅度提高黏性泥沙的絮凝速率,促进泥沙的沉降;对于水流而言,低强度促进黏性泥沙的絮凝沉降,此时絮团尺寸较小,高水流强度的破坏作用还体现不出来,其影响作用次之;而电解质虽然对泥沙絮凝的促进作用强于初始含沙量,但形成的絮团尺寸较大,在水流剪切力作用下容易破碎,两者综合影响下,电解质的影响作用较弱,因此此阶段内初始含沙量的影响作用最显著。而后,随着泥沙絮团尺寸的逐渐变大,水流剪切力对絮团的破坏作用变强,此时,悬液中主要是絮团生成速率与破碎速率的此消彼长,水流影响作用增强,且随着时间的延长,不同初始含沙量下的泥沙浓度之间的差别越来越小,初始含沙量对黏性泥沙絮凝沉降的影响作用越来越弱。

表 4-3　0~1 min 内 3 个因素(G、S 和 Al^{3+})综合作用下的方差分析结果统计(水面下 0.4 m)

来源	正交平方和	自由度	均方差	F 值	P 值
修正模型	29 633.57	39	759.835	32 564.37	<0.001
截距	254 156.8	1	254 156.8	10 892 434	<0.001
S	19 340.54	4	4 835.135	207 220.1	<0.001
G	7 121.969	3	2 373.99	101 742.4	<0.001
Al^{3+}	1.685	1	1.685	72.218	<0.001
$S*G$	830.392	12	69.199	2 965.684	<0.001
$S*Al^{3+}$	223.786	4	55.947	2 397.711	<0.001
$G*Al^{3+}$	1 026.879	3	342.293	14 669.7	<0.001
$S*G*Al^{3+}$	1 088.323	12	90.694 4	3 886.868	<0.001
误差	1.867	80	0.023 3		
总和	283 792.2	120			
总离差	29 635.44	119			

表 4-4　1~3 min 内三因素(G、S 和 Al^{3+})综合作用下的方差分析结果统计(水面下 0.4 m)

来源	正交平方和	自由度	均方差	F 值	P 值
修正模型	60 424.07	39	1 549.335	2 213 336	<0.001
截距	36 659.99	1	36 659.99	52 371 413	<0.001
Al^{3+}	2 226.584	1	2 226.584	3 180 834	<0.001
G	32 970.89	3	10 990.3	15 700 428	<0.001
S	2 551.319	4	637.83	911 185.3	<0.001
$Al^{3+} * G$	6 251.496	3	2 083.832	2 976 903	<0.001
$Al^{3+} * S$	4 997.59	4	1 249.398	1 784 854	<0.001
$G * S$	5 045.533	12	420.461	600 658.6	<0.001
$Al^{3+} * G * S$	6 380.645	12	531.72	759 600.6	<0.001
误差	0.056	80	0.001		
总和	97 084.11	120			
总离差	60 424.12	119			

表 4-5　3~5 min 内三因素(G、S 和 Al^{3+})综合作用下的方差分析结果统计(水面下 0.4 m)

来源	正交平方和	自由度	均方差	F 值	P 值
修正模型	38 530.36	39	987.958	1 411 368	<0.001
截距	21 424.69	1	21 424.69	30 606 693	<0.001
Al^{3+}	558.593	1	558.593	797 989.9	<0.001
G	22 794.07	3	7 598.024	10 854 320	<0.001
S	1 039.056	4	259.764	371 091.6	<0.001
$Al^{3+} * G$	2 142.343	3	714.114	1 020 163	<0.001
$Al^{3+} * S$	1 211.615	4	302.904	432 719.8	<0.001
$G * S$	4 877.898	12	406.492	580 702.2	<0.001
$Al^{3+} * G * S$	5 906.783	12	492.232	703 188.3	<0.001
误差	0.056	80	0.001		
总和	59 955.1	120			
总离差	38 530.42	119			

表 4-6　7~10 min 内三因素(G、S 和 Al^{3+})综合作用下的方差分析结果统计(水面下 0.4 m)

来源	正交平方和	自由度	均方差	F 值	P 值
修正模型	11 902.02	39	305.18	99 683.75	<0.001
截距	14 289.01	1	14 289.01	4 667 350	<0.001
Al^{3+}	384.081	1	384.081	125 455.8	<0.001
G	7 393.082	3	2 464.361	804 956.9	<0.001
S	723.731	4	180.933	59 099.74	<0.001
$Al^{3+} * G$	1 218.363	3	406.121	132 655	<0.001
$Al^{3+} * S$	84.023	4	21.006	6 861.322	<0.001
$G * S$	811.096	12	67.591	22 077.99	<0.001
$Al^{3+} * G * S$	1 287.643	12	107.304	35 049.56	<0.001
误差	0.245	80	0.003		
总和	26 191.27	120			
总离差	11 902.26	119			

　　综上可知,水流、初始含沙量和电解质三者综合作用下,初期,初始含沙量对黏性细颗粒泥沙絮凝沉降的影响作用最大,水流作用次之,电解质影响最小;后期,水流的影响作用最强,电解质次之,初始含沙量最弱。

4.4.3.2　水流、初始含沙量和高分子聚合物的综合影响

　　同样采用方差分析研究了水流强度(G)、初始含沙量(S)及高分子聚合物(PAM)综合作用下对黏性细颗粒泥沙沉降特性的影响。因变量仍选用泥沙浓度变化率,相应的 3 个自变量分别为 PAM、G 和 S。PAM 因子水平为 0、1‰和 10‰;G 因子水平为 0、1.38 s^{-1}、4.67 s^{-1} 和 13.2 s^{-1};S 因子水平为 1 kg/m^3、4 kg/m^3、7 kg/m^3、10 kg/m^3 和 15 kg/m^3。表 4-7~表 4-10 给出了不同时段内水流剪切强度、初始含沙量及 PAM 3 个因素综合作用下的方差分析结果。从表 4-7~表 4-10 可以看出:不同时段内的 P 值均小于 0.001,同样表明,PAM、水流强度和初始含沙量对黏性细颗粒泥沙絮凝沉降的影响作用非常显著,但三者在不同的时间段内发挥不同的作用。0~1 min 内,$F(PAM)>F(S)>F(G)$,PAM 的影响作用最大,水流的最小,初始含沙量居中;之后,$F(G)>F(PAM)>F(S)$,水流的作用最强,PAM 次之,初始含沙量作用最弱。主要原因是:初始一段时间内,悬液中主要以黏性细颗粒泥沙的絮凝为主,PAM 不仅能极大地促进黏性细颗粒泥沙的絮凝,且其形成的泥沙絮团强度较高,能承受较高的水流剪切力,如图 4-14 所示,在相同的水流剪切强度下(G =4.67 s^{-1}),PAM 作用下形成的絮团尺寸比电解质作用下的大一个数量级,且絮团的分形维数较大(2.45);而初始含沙量的增加虽然能促进细颗粒泥沙的絮凝,但较高的泥沙浓度会使泥沙絮团形成絮网,减缓泥沙的沉降,相比之下,PAM 的作用更强,因此,此阶段内,高分子聚合物的影响作用最显著。而后,随着泥沙絮团尺寸的不断增加,絮团强度逐渐变小,水流剪切力的作用变强,同时,泥沙絮团不断沉降至底部,PAM 所能吸附架桥的

泥沙颗粒数目越少,PAM 的影响作用变弱,且悬液中不同初始含沙量下造成的泥沙浓度的差异变小,初始含沙量对黏性细颗粒泥沙絮凝沉降的影响也越来越弱。

表 4-7　0~1 min 内 3 个因素(G、S 和 PAM)综合作用下的方差分析结果统计(水面下 0.4 m)

来源	正交平方和	自由度	均方差	F 值	P 值
修正模型	53 601.79	39	1 374.405	1 963 435.583	<0.001
截距	409 061.6	1	409 061.6	584 373 732.8	<0.001
S	21 202.8	4	5 300.701	7 572 430.177	<0.001
G	5 936.906	3	1 978.969	2 827 098.005	<0.001
PAM	21 574.07	1	21 574.07	30 820 105.68	<0.001
$S * G$	1 459.931	12	121.661	173 801.368	<0.001
$S * \text{PAM}$	892.259	4	223.065	318 663.985	<0.001
$G * \text{PAM}$	1 251.636	3	417.212	596 017.148	<0.001
$S * G * \text{PAM}$	1 284.18	12	107.015	152 878.626	<0.001
误差	0.056	80	0.001		
总和	462 663.5	120			
总离差	53 601.85	119			

表 4-8　1~3 min 内 3 个因素(G、S 和 PAM)综合作用下的方差分析结果统计(水面下 0.4 m)

来源	正交平方和	自由度	均方差	F 值	P 值
修正模型	47 667.03	39	1 222.232	1 746 045.146	<0.001
截距	49 722.07	1	49 722.073	71 031 533.31	<0.001
S	1 000.854	4	250.213	357 447.856	<0.001
G	26 677.43	3	8 892.476	12 703 536.7	<0.001
PAM	6 588.303	1	6 588.303	9 411 861.241	<0.001
$S * G$	4 569.093	12	380.758	543 939.606	<0.001
$S * \text{PAM}$	2 210.6	4	552.65	789 499.874	<0.001
$G * \text{PAM}$	2 997.342	3	999.114	1 427 305.865	<0.001
$S * G * \text{PAM}$	3 623.414	12	301.951	431 358.796	<0.001
误差	0.056	80	0.001		
总和	97 389.16	120			
总离差	47 667.09	119			

表 4-9　3~5 min 内 3 个因素(G、S 和 PAM)综合作用下的方差分析结果统计(水面下 0.4 m)

来源	正交平方和	自由度	均方差	F 值	P 值
修正模型	28 611.23	39	733.621	1 048 030.5	<0.001
截距	27 343.99	1	27 343.99	39 062 840	<0.001
S	1 238.845	4	309.711	442 444.73	<0.001
G	17 614.74	3	5 871.579	8 387 969.5	<0.001
PAM	439.429	1	439.429	627 755.33	<0.001
$S*G$	2 984.3	12	248.692	355 273.79	<0.001
$S*PAM$	545.513	4	136.378	194 826.22	<0.001
$G*PAM$	1 681.076	3	560.359	800 512.21	<0.001
$S*G*PAM$	4 107.335	12	342.278	488 968.4	<0.001
误差	0.056	80	0.001		
总和	55 955.28	120			
总离差	28 611.29	119			

表 4-10　7~10 min 内 3 个因素(G、S 和 PAM)综合作用下的方差分析结果统计(水面下 0.4 m)

来源	正交平方和	自由度	均方差	F 值	P 值
修正模型	15 467.74	39	396.609	566 584	<0.001
截距	23 043.32	1	23 043.32	32 919 033	<0.001
S	1 491.411	4	372.853	532 646.7	<0.001
G	4 429.505	3	1 476.501	2 109 287	<0.001
PAM	848.537	1	848.537	1 212 195	<0.001
$S*G$	3 047.989	12	254	362 855.8	<0.001
$S*PAM$	481.462	4	120.365	171 950.6	<0.001
$G*PAM$	2 029.021	3	676.34	966 200.6	<0.001
$S*G*PAM$	3 139.821	12	261.652	373 788.2	<0.001
误差	0.056	80	0.001		
总和	38 511.12	120			
总离差	15 467.8	119			

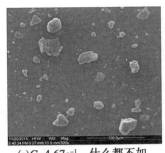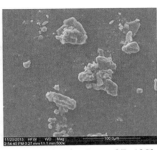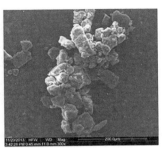

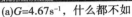

(a)G=4.67s^{-1}，什么都不如　　　(b)G=4.67s^{-1}，1 mmol/L AlCl$_3$　　　(c)G=4.67s^{-1}，1‰ PAM

图 4-14　相同水流强度不同添加剂下形成的泥沙絮团结构对比

综上可知，水流、初始含沙量和高分子聚合物综合作用下，初期，高分子聚合物对黏性细颗粒泥沙絮凝沉降的影响最大，初始含沙量次之，水流的最小；后期，水流的影响最强，高分子聚合物次之，初始含沙量最弱。

4.5　小　　结

（1）对于同一种电解质、高分子聚合物及初始含沙量而言，均是低浓度（含量）促进黏性泥沙絮凝沉降，高浓度阻碍黏性泥沙絮凝沉降。对于不同种类电解质而言，同一浓度下，阳离子化合价越高，对黏性细颗粒泥沙的促进（阻碍）作用越强。

（2）低强度水流促进黏性细颗粒泥沙的絮凝沉降，高强度水流阻碍黏性细颗粒泥沙的沉降，且水流强度越高，阻碍作用越大，同时，这两种作用随电解质浓度的增加而增强。当水流强度较弱时，深度对泥沙沉降特性有较大影响，表现为，上部区域沉降最快，中部区域次之，下部区域最慢，但这种影响作用随水流强度的增加而逐渐减弱。而当初始含沙量变化时，只有低强度水流和低含沙量才能促进黏性泥沙絮凝沉降。

（3）多因素综合作用下不同因素对黏性泥沙絮凝沉降特性的影响程度在不同时期是不同的。当水体中电解质含量较高时，初期，初始含沙量的影响最大，水流的作用次之，电解质的影响最小；而后，水流的影响最强，电解质次之，初始含沙量的影响最弱，且含沙量的影响作用随时间的延长越来越弱。当水体中高分子聚合物较多时，初期，高分子聚合物的影响作用最大，初始含沙量居中，水流的影响作用最小；之后，水流的影响作用最强，高分子聚合物次之，初始含沙量影响最弱。

第 5 章　　湖泊淤泥絮凝沉降试验研究

随着社会经济的发展和城市化进程的加快,不少湖泊已沦为藏污纳垢之所,以致淤泥淤积日益严重,成为危害社会的重要因素。据不完全统计,武汉湖泊淤泥的平均厚度达0.7 m,足可填满 4 个东湖。由于上游来沙、城市排泄等外源引入和动植物死亡等内源产生,湖泊中存在大量的淤泥。这些淤泥的存在不仅影响河湖通航、蓄洪等功能,而且较强的吸附作用使其成为湖泊中污染物的主要累积地,对湖泊治理及修复产生一定的影响(Zhang 等,2013;王党伟等,2016;Guo 等,2011;Fang 等,2016)。然而,由于湖泊淤泥成分复杂,其絮凝沉降过程与河流中的黏性泥沙的沉降过程有着明显的不同,影响着湖泊淤泥疏浚后的减量化、资源化利用(朱伟等,2013)。因此,本章以武汉沙湖、南湖、官桥湖3 个湖泊淤泥为研究对象,通过沉降筒试验,研究了湖泊淤泥自然状态和加入高分子絮凝剂聚丙烯酰胺(PAM)状态下对絮凝沉降过程,分析了泥沙粒径分布、初始含沙量及高分子聚合物对河湖淤泥絮凝沉降特性的影响规律,并探讨了沉降筒尺寸对试验结果的影响。

5.1　　泥样采集及处理

试验泥样取自武汉沙湖、南湖和官桥湖淤泥。其中,沙湖和官桥湖是大东湖的组成部分,南湖是武汉仅次于东湖和汤逊湖的第三大湖泊。3 个湖泊已基本上完成(正实施)截污等水环境治理工程,泥沙来源主要是地表径流和降水等,且均存在湖底淤泥内源污染的

问题,因此,本试验所选取样点具有一定的代表性。泥样取回实验室后,在阴凉通风处自然风干,过 0.15 mm 筛网筛除大颗粒杂质,接着采用高温煅烧法消除有机物对试验结果的影响,然后,泥样装袋,置于 4 ℃的环境中保存用于试验。取部分泥样用于 BT-1500 型离心式沉降粒度分布仪测量泥样粒径分布情况,3 种泥样粒径分布情况如图 5-1 所示。由图 5-1 可知,沙湖、南湖和官桥湖泥样中粒径小于絮凝临界粒径(0.03 mm)的颗粒所占百分比分别为92.61%、78.43%、96.12%。

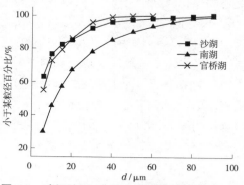

图 5-1　武汉沙湖、南湖和官桥湖淤泥粒径分布

5.2　　试验条件及方法

以量筒为沉降筒进行絮凝沉降试验,选用清浑交界面沉降速度、上清液浊度为指标,研究初始含沙量、高分子聚合物、沉降筒尺寸等因素对湖泊淤泥絮凝特性的影响。试验

中,初始含沙量取 5 kg/m³、8 kg/m³、10 kg/m³、15 kg/m³;高分子聚合物选用聚丙烯酰胺(PAM),加入量为淤泥质量的 0.5‰;沉降筒选用 500 mL 和 1 000 mL 2 种。清浑交界面沉降速度通过记录的时间和沉降距离求得;上清液浊度采用移液管法,按一定比例稀释后,用 WI298746 型散式浊度仪测量获得。

5.3　试验结果与分析

5.3.1　湖泊淤泥沉降过程

在淤泥沉降初始阶段,泥沙颗粒会碰撞黏结在一起形成絮团,由于絮团结构松散,体积较大,会与周围其他絮团搭接在一起形成絮网整体沉降,这种机制外在表现就是在悬液中形成了明显的清浑交界面。图 5-2 为沙湖、南湖及官桥湖淤泥絮凝沉降过程中清浑交界面随时间的变化曲线。从图 5-2 中可知,清浑交界面的下降过程可分为形成段、匀速段、减速段及稳定段。其中,形成段主要是泥沙颗粒碰撞、黏结、絮团之间相互搭接,此阶段时间极短,但其是絮网形成的内因,决定着清浑交界面的下降速度;等速段则是加速段的外在体现,该阶段清浑交界面下降的距离占整个下降距离的 2/3 以上,是清浑交界面下降的主要阶段,因此其下降速度可作为反映细颗粒泥沙沉降性能的指标,一般可取直线段的斜率作为等速段的下降速度。

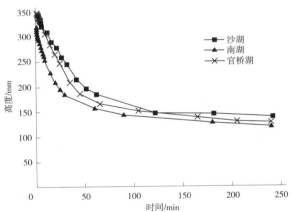

图 5-2　沙湖、南湖及官桥湖淤泥絮凝沉降过程中清浑交界面随时间的变化曲线(初始含沙量 8 kg/m³)

5.3.2　初始含沙量的影响

以沙湖淤泥为例,探讨了初始含沙量对湖泊淤泥絮凝沉降特性的影响。图 5-3(a)为不同初始含沙量下沙湖淤泥絮凝沉降特性曲线。根据曲线变化可知:随着初始含沙量的增加,等速沉降段沉降速度逐渐变小(由 5.06 mm/min 减至 0.08 mm/min),且持续时间变短(由 30 min 减至 20 min),沉降距离也变小(由 249 mm 减至 52 mm),总体而言,淤泥沉降性能变差。主要原因是:初始含沙量增加后,加速段单位体积内泥沙颗粒数目变多,颗粒之间的距离变短,颗粒碰撞频率变大,泥沙絮凝作用增强,碰撞黏结形成的絮团结构更松散,使搭接而成的絮网孔隙率较高,絮网有效密度较低,进而导致等速段速度变小;同时,由于初始含沙量增加后,清浑交界面以下悬液中同样生成较多孔隙率较高的絮团,占据了大量空间,且初始含沙量越高,其所占据的空间越大;当清浑交界面下降至其所在位置处,会受到其阻碍作用,打破等速段絮网受力的平衡,提前进入减速段,造成等速沉降段持续时间变短,淤泥整体沉降变慢。

笔者以上清液浊度进一步分析了初始含沙量对沙湖淤泥絮凝沉降性能的影响,图 5-3(b)反映稳定时刻不同初始含沙量下上清液浊度变化情况。沙湖淤泥上清液浊度随初始含沙量的增加呈现出逐渐减小,且下降幅度逐渐变小的规律,如初始含沙量从 5 kg/m³ 增加至 8 kg/m³ 时,浊度下降 42.9%,含沙浓度从 10 kg/m³ 增加至 15 kg/m³,浊度下降 33.5%。出现这种现象的主要原因是:淤泥絮凝作用随初始含沙量的增加变强,较强的絮凝作用使更多的泥沙颗粒包裹在絮网中,随清浑交界面的下降而沉降,最终沉至底部,且其中含有较多的细颗粒泥沙,从而导致上清液浊度随初始含沙量的增加而逐渐降低,但当初始含沙量增至一定值后,絮凝强度增加幅度变小,相应上清液浊度降幅变小。

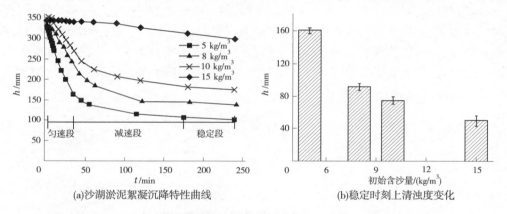

(a)沙湖淤泥絮凝沉降特性曲线　　　　　　(b)稳定时刻上清浊度变化

图 5-3　不同初始含沙量下沙湖淤泥絮凝沉降特性和稳定时刻上清液浊度变化

综上可知,初始含沙量对湖泊淤泥絮凝沉降特性的影响主要表现为:随着初始含沙量的增加,河湖淤泥絮凝作用增强,整体沉降速度变慢,上清液浊度逐渐降低,但存在极限浓度。

5.3.3　泥沙粒径分布的影响

以初始含沙量 8 kg/m³ 为例,利用沙湖、南湖及官桥湖 3 种淤泥研究了泥沙粒径分布对河湖淤泥絮凝沉降的影响。对 3 种淤泥匀速段线性拟合得到匀速段下降速度,其中,南湖淤泥的清浑交界面下降速度最快(5.88 mm/min),官桥湖淤泥次之(4.06 mm/min),沙湖淤泥最慢(3.03 mm/min)。出现这种现象的主要原因是:南湖淤泥颗粒较粗(中值粒径为 11.65 μm),其絮凝作用相对沙湖及官桥湖淤泥(中值粒径分别为 4.93 μm 和 4.66 μm)较弱,泥沙颗粒经过多次碰撞才能黏结在一起,形成的絮团尺寸也比其他 2 种淤泥小,然而,絮团尺寸越小,其密实度反而越高(杨铁笙等,2003),因此,其搭接而成的絮网具有较高的密实度,沉降速度较快。对于沙湖及官桥湖淤泥而言,它们中值粒径相近,不

同的是沙湖淤泥中极细颗粒所占的百分比较大,如沙湖淤泥中粒径<15 μm 的颗粒占
82.44%,官桥湖淤泥中粒径<15 μm 的颗粒占 79.33%,而极细泥沙颗粒是泥沙絮凝的原
动力,因此沙湖淤泥絮凝效果强于官桥湖淤泥,相应生成的絮网结构较松散,清浑交界面
沉降速度较慢。

为进一步分析泥沙粒径分布的影响作用,测量了淤泥絮凝沉降过程中上清液浊度的
变化情况。由于初始阶段悬液浊度无比较意义,图 5-4 给出的是沉降 20 min 后的变化情
况。从图 5-4 中可以看出:初始一段时间内(0~20 min),南湖淤泥浊度下降最大,官桥湖
淤泥次之。南湖淤泥最大,这与上述 3 种淤泥清浑交界面沉降速度的变化相吻合,从另一
角度证明了试验结果的正确性;接下来的一段时间内,南湖淤泥浊度下降缓慢,沙湖淤泥
浊度迅速下降,官桥湖淤泥居中,且最终时刻的浊度南湖淤泥(240)>官桥湖淤泥(120)>
沙湖淤泥(92)。这主要是由于沙湖淤泥中值粒径较小,且细颗粒泥沙所占百分比较大,
絮凝作用最强烈,虽然其形成的絮网结构沉降较慢,但其尺寸较大,绝大多数颗粒随着絮
网沉至底部,因此其最终浊度最小;相反,南湖淤泥颗粒较粗,絮凝作用较弱,虽然其絮网
沉降较快,但其尺寸较小,沉降至底部后,仍有较多的颗粒悬浮在液体中,使得最终浊度
较大。

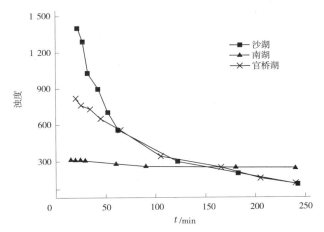

图 5-4　沙湖、南湖及官桥湖淤泥絮凝沉降过程中上清液浊度变化曲线(初始含沙量 8 kg/m³)

以上结果表明:淤泥粒径分布对其絮凝沉降特性有重要影响,淤泥粒径越小,小粒径
所占百分比越大,淤泥沉降越慢,但其上清液浊度较小。

5.3.4　高分子聚合物的影响

经污水处理厂处理后的污水中经常含有高分子聚合物,直接排入湖泊后,会对湖泊产
生一定的影响。因此,以南湖淤泥为例,研究了高分子聚合物 PAM 对河湖淤泥絮凝沉降
特性的影响。

图 5-5 为加入 PAM 前后南湖淤泥絮凝沉降曲线。由图 5-5 可知:向悬液中加入 PAM
后,等速沉降段沉降速度变快(初始含沙量为 10 kg/m³ 时,加入 PAM 后,速度从 3.21
mm/min 增至 6.25 mm/min),减速沉降段沉降变慢,最终加入 PAM 的淤泥清浑交界面下

降距离较短(初始含沙量为 10 kg/m³ 时,加入 PAM 后,清浑交界面沉降距离由 190 mm 减至 177 mm),稳定时刻的上清液浊度呈减小的趋势(初始含沙量 10 kg/m³ 时,加入 PAM后,上清液浊度由 106 降至 96),且初始含沙量对此变化规律的影响不大。出现这种现象的主要原因是:PAM 加入悬液后,其链式结构会舒展开来,形成较长的链条,大量泥沙颗粒吸附在其表面上,进而形成絮团,促进河湖淤泥的絮凝,且此时形成的泥沙絮团强度较大,密实度较高,沉降速度较快,从而使等速段沉降速度较大,但絮团的这种性质在后期对清浑交界面的阻碍作用也较强,使减速段速度较小,最终造成沉降距离较短;对于上清液浊度而言,聚丙烯酰胺的加入,促进了泥沙的絮凝,降低了悬液中细颗粒泥沙含量,从而使上清液浊度降低。

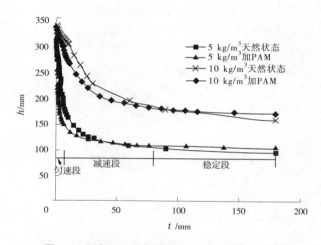

图 5-5　添加 PAM 前后南湖淤泥絮凝沉降曲线

5.3.5　沉降筒尺寸的影响

不同尺度的沉降筒,高度和内径存在差距,会影响絮凝沉降试验结果,因此笔者以官桥湖淤泥为例,采用 500 mL 和 1 000 mL 两种尺寸研究了沉降筒尺寸的影响作用(见图 5-6)。

表 5-1 给出了官桥湖淤泥在不同沉降筒尺寸(500 mL 和 1 000 mL)、浓度(5% 和10%)及状态下的等速段沉速及最终浊度。从表 5-1 中可以看出:500 mL 和 1 000 mL 两种情况下,等速段沉速及最终浊度的变化规律相同,只是当沉降筒尺寸由 500 mL 增至1 000 mL 时,等速沉降段速度变小,最终浊度值升高而已。原因是沉降筒尺寸较小时,淤泥绝对沉降高度较小,沉降筒壁面对泥沙絮网产生的阻力相对较小,从而使得其沉降速度较大。

总体而言,沉降筒尺寸对试验结果略有影响,但对于分析河湖淤泥絮凝沉降特性无较大影响。

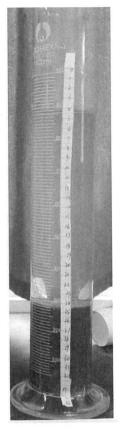

(a)1 000 mL　　　　　　(b)500 mL

图 5-6　不同沉降筒尺寸下官桥湖淤泥絮凝沉降照片

表 5-1　不同浓度和沉降筒尺寸下官桥湖淤泥絮凝沉降特性指标

初始含沙量/（kg/m³）	淤泥状态	量筒尺寸/mL	等速段速度/（mm/min）	最终浊度
5	天然状态下	500	6.33	163
		1 000	5.8	205
	加入 PAM	500	7.5	115
		1 000	6.9	165
10	天然状态下	500	4.14	74
		1 000	3.11	90
	加入 PAM	500	5.31	54
		1 000	3.92	70

5.4 小 结

(1)湖泊淤泥絮凝沉降表现为清浑交界面的下降。清浑交界面的下降过程可分为形成段、匀速段、减速段及稳定段。其中,匀速段是形成段的外在体现,该阶段清浑交界面下降的距离占整个下降距离的 2/3 以上,是清浑交界面下降的主要阶段。

(2)湖泊淤泥粒径越小,小粒径百分比越大,淤泥絮凝沉降越慢,而其上清液浊度较小。

(3)随初始含沙量的增大,湖泊淤泥絮凝作用逐渐增强,整体沉降速度变小,上清液浊度逐渐降低,且当初始含沙量增加到一定值后,初始含沙量的影响作用开始变弱。

(4)当悬液中存在高分子聚合物时,湖泊淤泥等速沉降段速度增大,减速段速度变小,整体表现为沉降距离变短,但其上清液浊度变小。

(5)沉降筒尺寸虽然对试验结果略有影响,但对于分析湖泊淤泥絮凝沉降特性无较大影响。

第 6 章　黏性泥沙絮团生长微观数学模型及应用

黏性泥沙絮凝是一个随机碰撞黏结、破碎、再碰撞黏结的循环过程。在此过程中,泥沙絮凝速率、絮团结构形态、尺寸等不断变化,而不同结构形态和尺寸的絮团具有不同的孔隙率、絮团强度、扰流阻力等,进而使黏性泥沙产生与粗颗粒泥沙迥异的起动、沉降、吸附等特性。因此,研究黏性泥沙絮凝过程对于揭示黏性泥沙特性及其形成机制具有重要意义。然而,黏性泥沙颗粒粒径一般在微米级,其絮凝过程属微观范畴,受测量技术的限制,直接观测絮凝动态发育过程中存在一定的困难。随着计算机硬件和软件的发展,数值模拟成为研究黏性泥沙絮团微观生长过程的重要手段之一。

6.1　典型絮团生长模型概述

专门研究黏性泥沙絮团微观生长过程的模型较少,现有模型大多是针对胶体颗粒而建立的。考虑到黏性泥沙与胶体颗粒的絮凝过程具有相似性,只是在颗粒碰撞和黏结机制上有所不同,因此胶体领域的絮团生长模型对于研究泥沙领域的黏性泥沙絮团生长过程具有重要的借鉴意义。

现有的胶体絮团生长模型主要有:扩散限制聚集生长模型(DLA)、扩散受限絮团聚集生长模型(DLCA)、反应受限聚集模型(RLA)和反应受限絮团聚集生长模型(RLCA)。

6.1.1　DLA 模型

DLA 模型是基于分形理论最早建立的絮团生长模型,模型中主要考虑单颗粒之间的碰撞,且认为碰撞后颗粒即黏结在一起形成絮团。其数值模拟过程如下:首先将模拟空间网格化,并在网格中心位置放置一颗种子颗粒,然后从模拟区域边界处进入一个颗粒,颗粒在模拟区域内做无规则的布朗运动,且只能沿着网格线方向运动,当颗粒运动至种子颗粒附近时,就与种子颗粒发生碰撞并黏结在一起形成絮团;而当颗粒随机行走至区域边界时,此颗粒则消失,重新进入一个颗粒,重复上述过程,最终会形成一个树状的絮团结构(见图 6-1)。

6.1.2　DLCA 模型

DLCA 模型是 DLA 的改进模型,此模型不仅考虑单颗粒之间的碰撞,还考虑絮团之间以及絮团与单颗粒之间的碰撞。其模拟过程为:首先,将一定数目的单颗粒均匀分布在模拟空间内,然后所有颗粒在模拟空间内按布朗运动随机运动一次,之后计算所有颗粒之间的距离,当距离小于规定的碰撞距离时,则认为颗粒发生碰撞并黏结在一起形成絮团,此后,该絮团将作为一个整体参与下一次运动,重复上述过程,直至模拟空间内颗粒数(絮团和单颗粒数总和)降至设定值以下,某时刻 DLCA 模型模拟状态如图 6-2 所示。

图 6-1　DLA 模型形成的絮团结构

图 6-2　某时刻 DLCA 模型模拟状态

6.1.3　RLA 和 RLCA 模型

　　RLA 模型与 DLA 模型的模拟过程基本相似,RLCA 模型与 DLCA 模型的模拟过程基本相似。不同的是,RLA 模型和 RLCA 模型均对颗粒间的黏结进行了改进,它们认为:颗粒(絮团)碰撞后,并不是直接黏结在一起,黏结是否发生取决于颗粒之间的吸引能和排斥能大小。

　　DLA 和 RLA 模型较注重颗粒絮团结构的构建,中间过程简化较多,且未考虑颗粒之间黏结机制,同时,模拟空间中心固定种子颗粒的做法与实际絮凝过程相差较大;而 DLCA 和 RLCA 模型中不仅存在单颗粒之间的碰撞黏结,还存在颗粒与絮团、絮团与絮团之间的碰撞黏结,更加接近实际絮凝过程,因此 DLCA 与 RLCA 模型在实际中应用较多。DLCA 模型一般用于模拟快速絮凝过程,因为模型中假设颗粒(絮团)碰撞后即黏结在一起;RLCA 模型则可通过调整碰撞效率的大小模拟不同状态下的絮凝过程。

　　综上可知,上述模型是在胶体领域建立的,颗粒(絮团)的驱动力只有布朗运动,与实际黏性泥沙驱动力相差较大,直接用于黏性泥沙絮团生长过程研究存在一定的不足。

6.2　黏性泥沙絮团生长微观数学模型构建

　　基于上述絮团生长模型和絮凝基本理论,着眼于黏性泥沙与胶体颗粒的不同点,立足于泥沙颗粒不同环境下的不同碰撞机制(布朗运动、重力和水流作用),以及泥沙絮团在水流剪切力的破碎等情况,建立了黏性泥沙絮团生长微观数学模型(以下简称 RCFG 模型)。RCFG 模型主要由初始颗粒生成模块、运动模块、黏结模块、絮团破碎模块四大模块组成,其中初始颗粒生成模块主要是根据设定条件生成特定的泥沙初始颗粒,包括光滑颗粒生成和粗糙带电颗粒生成两个子模块;运动模块是模拟泥沙颗粒(絮团)在布朗运动、重力沉降和水流作用下的运动,包括布朗运动、重力沉降、水流作用三个子模块;碰撞黏结模块主要用于计算颗粒(絮团)是否发生碰撞黏结形成絮团,包括距离确定和计算确定两个子模块,絮团破碎模块主要是判断絮团是否破碎及絮团破碎方式,包括破碎判断和破碎方式两个子模块,模型中的各个模块可在不同环境和条件下独立使用或者联合运用,整个模型组成见图6-3。

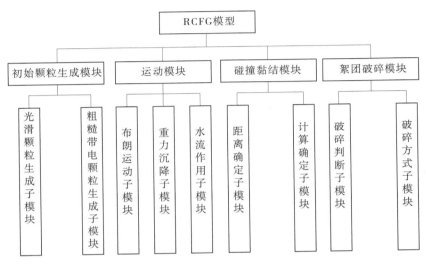

图 6-3　RCFG 模型基本组成结构

　　RCFG 模型在 MATLAB 平台上编程实现,采用与实际过程较为接近的非网格模拟方法。所谓非网格模拟是指在模拟空间内不划分网格,颗粒则按照给定的规则分布在模拟空间内,颗粒(絮团)在驱动力的作用下运动。模型四大模块和各个子模块以函数的形式单独存在,计算时通过主程序根据模拟需求、泥沙颗粒大小及分布、碰撞机制等选择调用哪些模块,图6-4为RCFG模型计算流程图。

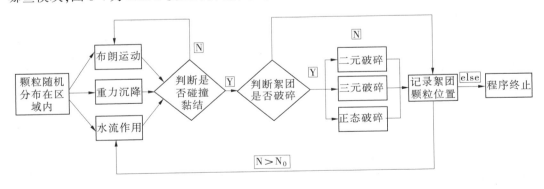

图 6-4　RCFG 模型计算流程

6.2.1　初始颗粒生成模块

　　该模块的主要作用是生成表面光滑和粗糙带电的两种数学泥沙颗粒群,包括光滑颗粒生成和粗糙带电颗粒生成两个子模块。

6.2.1.1　光滑颗粒生成子模块

该子模块主要用于研究诸如水流、重力等外部因素对黏性泥沙絮团生长过程的影响，在该子模块中认为泥沙颗粒是表面光滑且不带电的球体，模型计算时，只需根据泥沙浓度和粒径给出颗粒所处的位置和每个颗粒的粒径即可。

6.2.1.2　粗糙带电颗粒生成子模块

该子模块主要是生成表面粗糙的泥沙颗粒和为泥沙颗粒表面分配电荷。其中，表面粗糙泥沙颗粒生成基于清华大学方红卫提出的数学泥沙构建方法（方红卫等，2009），其基本原理是：泥沙颗粒表面可以被视为有无数组的投影轮廓交织形成的集合，因此可以将不同截面轮廓按一定夹角组合重组，生成统计意义上的泥沙颗粒。

数学泥沙颗粒构建工作主要分为两步：第一步是在极坐标系中生成若干封闭的泥沙颗粒外形，第二步是对于若干封闭的泥沙外形进行平面轮廓的组成，对泥沙颗粒表面形貌进行还原。数学泥沙方程是构建数学泥沙的基础，颗粒边缘轮廓线可用下式计算：

$$R(\theta,\varphi) = \left\{ A_0 + \sum_{n=1}^{10} \left[a_n \cos(n\omega\theta) + b_n \sin(n\omega\theta) \right] \right\} \times \cos\varphi \tag{6-1}$$

式中：A_0 为给定的颗粒半径；θ 为经度；φ 为纬度；ω 为角速度（$\omega = \dfrac{2\pi}{T}$，T 为周期）；a_n、b_n 为傅里叶系数，服从正态分布。计算时，先根据 $\theta = 1° \sim 360°$ 和 $\varphi = 1° \sim 180°$ 建立空间网格，网格的布置沿经度 θ 方向划分成 360 个网格点，沿纬度 φ 方向划分成 180 个网格点，然后，先沿着经度方向计算得到 $R_1(\theta,\varphi)$，再沿着经度方向计算得到 $R_2(\theta,\varphi)$，因为同一个网格点上 $R_1(\theta,\varphi)$ 和 $R_2(\theta,\varphi)$ 出现的概率相同，所以有

$$R = \sqrt{R_1(\theta,\varphi) \times R_2(\theta,\varphi)} \tag{6-2}$$

当 θ,φ 和 R 值确定后，即可构建出数学泥沙颗粒，按照相同的方法即可得到不同粒径的泥沙颗粒，数学泥沙颗粒形态如图 6-5 所示。

目前定量研究泥沙颗粒表面电荷分布的研究较少，本书采用黄磊等（2012）分析石英砂的研究结果计算泥沙颗粒表面电荷分布，其根据静电力显微镜观测结果发现电荷大多集中分布在石英砂颗粒表面的鞍部、凸起和凹地部位，并据此建立了石英砂表面电荷分布与表面形态的关系：

图 6-5　构建的数学泥沙示意图

$$\Delta\phi = \mathrm{sgn}(q_{\mathrm{tip}})(0.2 + 0.27e^{-15.06T} - 0.38e^{-1.80T}) \tag{6-3}$$

式中：q_{tip} 表示探针表面电荷量，且当 $q_{\mathrm{tip}} > 0$ 时，$\mathrm{sgn}(q_{\mathrm{tip}}) = 1$，当 $q_{\mathrm{tip}} < 0$ 时，$\mathrm{sgn}(q_{\mathrm{tip}}) = -1$；$T$ 为非球状曲率，可用高斯曲率 K 和平均曲率 H 表示，即：

$$T = \sqrt{H^2 - K} \tag{6-4}$$

高斯曲率和平均曲率计算时采用分块处理的方法。假设颗粒表面上每个点 P 与其相邻的 8 个点形成一个微曲面，设曲面参数方程为 $z = z(x,y)$，其中，x,y 为该点的坐标，根据微分几何的曲面论，可得到该点的高斯曲率 K 和平均曲率 H 分别为：

$$K = k_1 k_2 = \frac{rt - s^2}{(1 + p^2 + q^2)}$$

$$H = \frac{k_1 + k_2}{2} = \frac{(1 + q^2)r - 2pqs + (1 + p^2)t}{2(1 + p^2 + q^2)^{2/3}} \right\}$$ (6-5)

式中：k_1，k_2 分别为该点处的最大和最小曲率；p，q 表示一阶导数；r、s、t 表示二阶导数。假设泥沙颗粒为表面粗糙的类球体，根据式(6-3)可得到表面粗糙泥沙颗粒的电荷分布：

$$\phi = \phi_0(1 + \Delta\phi)$$

$$= \phi_0 [1 + \mathrm{sgn}(q_{\mathrm{tip}})(0.2 + 0.27 \mathrm{e}^{-15.06T} - 0.38 \mathrm{e}^{-1.80T})]$$ (6-6)

式中：ϕ_0 为颗粒表面的平均电荷。

6.2.2　运动模块

6.2.2.1　布朗运动子模块

对于黏性泥沙中的极细颗粒而言，其惯性力较弱，受到周围液体分子不平衡撞击的概率较大，其运动状态在外力作用下也极易发生改变，会一直做无规则的布朗运动。布朗运动模块中主要是计算极细颗粒(絮团)布朗运动的位移。

目前，描述颗粒布朗运动的理论主要有：扩散理论、力学理论和渗透扩散理论。基于扩散理论，爱因斯坦在假设布朗运动与分子运动完全相似、运动颗粒为球形的前提下，推导出一段时间内颗粒布朗运动的平均位移(胡纪华等，1997)：

$$\bar{s} = \sqrt{\frac{RT}{3N_A \pi \eta r} t}$$ (6-7)

式中：t 为时间；R 为摩尔气体常数；N_A 为阿伏伽德罗常数；η 为悬浊液动力黏度；T 为绝对温度；r 为颗粒半径。从力学角度出发，Langevin 提出了单一粒子布朗运动轨迹方程为：

$$m \frac{\mathrm{d}^2 s}{\mathrm{d}t^2} = -m\zeta \frac{\mathrm{d}s}{\mathrm{d}t} + X(t)$$ (6-8)

式中：m 为颗粒质量；ζ 为摩擦系数；$m\zeta\left(\dfrac{\mathrm{d}s}{\mathrm{d}t}\right)$ 为颗粒周围流体对颗粒的阻力；$X(t)$ 为作用在颗粒上的外力。将方程(6-8)两边乘上 s 得：

$$m\left[\frac{\mathrm{d}}{\mathrm{d}t}\left(s\frac{\mathrm{d}s}{\mathrm{d}t}\right) - \left(\frac{\mathrm{d}s}{\mathrm{d}t}\right)^2\right] = -m\zeta \frac{\mathrm{d}s}{\mathrm{d}t}s + X(t)s$$ (6-9)

由于外力项与颗粒位置无关，即存在：

$$\langle X(t)s \rangle = 0$$ (6-10)

同时，根据热力学平衡，可得：

$$\frac{1}{2}m\left\langle \left(\frac{\mathrm{d}s}{\mathrm{d}t}\right)^2 \right\rangle = \frac{1}{2}K_B T$$ (6-11)

将式(6-9)和式(6-10)代入式(6-11)可得：

$$\langle s^2 \rangle = 2\frac{K_B T}{m\zeta}\left[t - \frac{1}{\zeta}(1 - \mathrm{e}^{-\zeta t})\right]$$ (6-12)

当 $t \geq 1/\zeta$ 时，即得到力学理论上的布朗运动平均位移：

$$\langle s^2 \rangle = 2\frac{K_B T}{m\zeta}t \tag{6-13}$$

式中：$\zeta = 6\pi\eta r/m$。图 6-6 是基于渗透扩散理论的布朗运动平均位移计算简图（钱清华，1993），图中 AB 面、CD 面和 EF 面的间距均为 $\bar{s}$，AB 面与 CD 面间粒子平均浓度为 c_1；CD 面与 EF 面间粒子平均浓度为 c_2，且 $c_1 > c_2$。考虑到粒子浓度分布是连续的，GH 面和 IJ 面的浓度应为 c_1 和 c_2，距 CD 面的距离均为 $0.5\bar{s}$。在 t 时间内自左向右通过 CD 面的净粒子数为：

$$N_{nrt} = \frac{1}{2}\bar{s}c_1 - \frac{1}{2}\bar{s}c_2 = \frac{1}{2}\bar{s}(c_1 - c_2) \tag{6-14}$$

同时，自高浓度向低浓度扩散通过 CD 面的粒子数为：

$$N_{dif} = D\frac{dc}{ds}t \tag{6-15}$$

当 $\bar{s}$ 很小时，微分方程近似等于差分方程，即：

$$\frac{dc}{ds} = \frac{c_1 - c_2}{\bar{s}} \tag{6-16}$$

将式（6-15）和式（6-16）带入式（6-14）可得：

$$\frac{1}{2}\bar{s}(c_1 - c_2) = D\left(\frac{c_1 - c_2}{\bar{s}}\right)t \tag{6-17}$$

简化式（6-17）可得：

$$\overline{s^2} = 2Dt \tag{6-18}$$

式中：D 为扩散系数，$D = \dfrac{RT}{6\pi N_A \eta r}$。

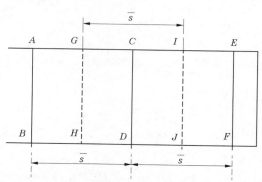

图 6-6　渗透扩散理论下布朗运动平均位移计算

由上可知，三种理论下得到的布朗运动平均位移公式相近，均可用于数学模型。鉴于此，CSFG 模型的布朗运动模块采用爱因斯坦公式计算极细泥沙颗粒（絮团）的布朗运动位移。由于 CSFG 模型采用无网格模拟，因此将一段时间内颗粒（絮团）布朗运动平均位移分解到 3 个坐标轴上（X、Y、Z 轴），即：

$$\left.\begin{aligned}
\Delta s_x(t + \mathrm{d}t) &= m_x \sqrt{\frac{RT}{3N_A \pi \eta r}} \mathrm{d}t \\[6pt]
\Delta s_y(t + \mathrm{d}t) &= m_y \sqrt{\frac{RT}{3N_A \pi \eta r}} \mathrm{d}t \\[6pt]
\Delta s_z(t + \mathrm{d}t) &= m_z \sqrt{\frac{RT}{3N_A \pi \eta r}} \mathrm{d}t
\end{aligned}\right\} \tag{6-19}$$

式中：$\mathrm{d}t$ 为时间步长；Δs_x、Δs_y、Δs_z 分别表示 $\mathrm{d}t$ 时间内颗粒或絮团在 X、Y、Z 3 个方向上的平均位移；m_x、m_y、m_z 为在 $[-1,1]$ 上均匀分布的随机数，且 $m_x^2 + m_y^2 + m_z^2 = 1$。

6.2.2.2　重力沉降子模块

对于较粗的泥沙颗粒，采用传统的斯托克斯沉速公式计算；对于黏性泥沙絮凝形成的絮团而言，与泥沙单颗粒不同，其一般具有较高的孔隙率和复杂的分形结构，其沉速已不能采用传统泥沙沉降公式直接计算。虽然，目前存在大量的黏性泥沙絮团沉速计算公式（见表 6-1），但这些公式中存在某些参数难以确定或未考虑絮团结构形态的问题，无法直接应用到 CSFG 模型中。

表 6-1　黏性细颗粒泥沙絮团沉速计算公式汇总

絮团沉速公式	出处
$w = \dfrac{g}{34\upsilon}(\rho_a - \rho_l) d_f^2$	Tambo 等，1979
$w^{1/4.65} = w_a^{1/4.65}/(1 - C_{as}'' S_{v0}'')$ C_{as}'' 是一个常数；S_{v0}'' 是以絮团为单位的体积比浓度	夏震寰等，1983
$w = \dfrac{s_l}{t_2 - t_1} \ln \dfrac{c(t_1)}{c(t_2)}$ s_l 为沉降长度；c 为颗粒浓度	Lau 等，1992
$w = \dfrac{(\rho_a - \rho_l) d_f^2}{180\upsilon} \dfrac{(1 - \varphi_e)^3}{\varphi_e^{2(D_F-2)/(D_F-3)}} S_V^{(D_F-1)/(D_F-3)}$ φ_e 为絮团密实度	Allain 等，1995
$w = 0.092 \mathrm{e}^{(-0.0015 d_f^{1.7})} \dfrac{g d_f^2}{\upsilon}$	Krishnappen 等，2004
$w = a d_f^b$ d_f 为絮团粒径；a，b 为参数	Chao 等，2008

鉴此，以上述公式为基础，结合分形理论，推导出重力沉降子模块中泥沙絮团沉速计算公式，推导过程如下：考虑到分形维数是描述分形体的主要参数，故采用分形维数来反映絮团结构形态，而絮团分形维数与絮团内泥沙单颗粒数 N_0 之间满足（Feder，1988）：

$$N_0 = (d_f/d_0)^{D_F} \tag{6-20}$$

假设泥沙单颗粒为球体，体积 $V_0 = (\pi/6) d_0^3$，由式（6-20）可得到泥沙絮团实际体积和质量，分别为：

$$V' = N_0 V_0 = \frac{\pi}{6} d_0^{3-D_F} d_f^{D_F} \left.\begin{matrix} \\ \\ \end{matrix}\right\}$$

$$m_f = N_0 m_0 = \frac{\pi}{6} \rho_0 d_0^{3-D_F} d_f^{D_F} \qquad (6-21)$$

同样假设絮团体积 $V_f = (\pi/6) d_f^3$，得到泥沙絮团孔隙率及干密度：

$$\varepsilon_2 = 1 - \frac{V'}{V_f} = 1 - (d_f/d_0)^{D_F-3} \left.\begin{matrix} \\ \\ \end{matrix}\right\}$$

$$\rho_{fd} = \frac{M}{V_f} = \rho_0 (d_f/d_0)^{D_F-3} \qquad (6-22)$$

当絮团孔隙中充满水时，可得到泥沙絮团密度：

$$\rho_f = \rho_{fd} + \varepsilon_2 \rho_l = (\rho_a - \rho_l)\left(\frac{d_f}{d_0}\right)^{D_F-3} + \rho_l \qquad (6-23)$$

假设泥沙絮团孔隙中的水是不流动的，将式(6-20)和式(6-23)带入斯托克沉降公式中，同时考虑泥沙浓度的影响，最终得到泥沙絮团沉降速度：

$$w = S_P \frac{(\rho_a - \rho_l)g}{18\mu} d_f^{D_F-1} d_0^{3-D_F} (1 - 6.55 S_v) \qquad (6-24)$$

式中：S_P 为泥沙絮团形状系数，当絮团为球体时，$S_P = 1$；当絮团不是球体时，$S_P = c_3/\sqrt{a_1 b_1}$，其中 a_1、b_1 和 c_3 分别为絮团长中短轴长；S_v 为泥沙体积浓度；D_F 为泥沙絮团分形维数，采用改进的回转半径法计算，计算过程如下，以絮团重心代替几何中心为球心，用不同半径的同心球面划分絮团(见图6-7)，然后计算每个球面内泥沙单颗粒的数目，得到不同半径 l_m 内的粒子数 $N(l_m)$，而 $N(l_m)$ 与 l_m 之间满足：

$$N(l_m) \propto l_m^{D_F} \qquad (6-25)$$

进而通过计算 $N(l_m)$ 与 l_m 的双对数坐标曲线的斜率得到絮团分形维数 D_F。

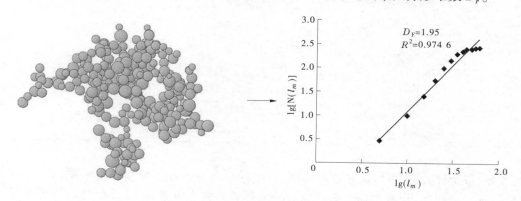

图 6-7　黏性泥沙絮团分形维数计算过程示意图

6.2.2.3　水流作用子模块

　　黏性泥沙由于所处环境不同，其所受水流的状态也可能不一样，如水流作用较弱的湖泊、水库中水流可能为静水或层流，而天然水体中水流则大多为紊流。因此，根据水流可能的运动状态,本子模块中水流作用分为层流和紊流两种类型,每种类型中包括水流流速及水流剪切力两项。

对于层流而言,模型假设水流沿水平 X 方向,水流流速沿竖直 Z 方向的梯度保持不变,同时认为泥沙颗粒随水流一起运动,于是得到某高度下泥沙颗粒(絮团)在水平 X 方向上的位移:

$$l_{f_{z=h}} = u_{z=h}\mathrm{d}t = \left(u_{z=0} + \frac{\mathrm{d}u}{\mathrm{d}z}h\right)\mathrm{d}t = (u_{z=0} + G \cdot h)\mathrm{d}t \tag{6-26}$$

式中: h 为颗粒(絮团)所处位置到模拟区域底部的距离; $u_{z=h}$ 为模拟区域内高度为 h 处水平 X 方向的速度; $u_{z=0}$ 为模拟区域底部的流速,由于底部流速对不同位置的颗粒的相对运动没有影响,为了方便计算,取底部流速 $u_{z=0}=0$。根据牛顿内摩擦定律,在考虑泥沙浓度对水体黏滞性的影响下,层流产生的剪切力可用下式计算:

$$\tau = \mu\frac{\mathrm{d}u}{\mathrm{d}z} = \mu G = \mu_0(1 - 2.7S_V)^{-2.5}G \tag{6-27}$$

式中: μ_0 为清水的动力黏滞系数。

对于紊流而言,其流速是瞬时变化的,为了便于模拟,采用时均流速进行计算。卢金友等(2005)的研究结果表明,河流横向和竖向流速比纵向流速小得多,因此模型中只考虑了河流纵向时均流速(模型中 X 方向)对泥沙颗粒或絮团的影响,其在竖直方向(模型中 Z 方向)上的分布可表示为:

$$l_{f_{z=h}} = u_{z=h}\mathrm{d}t = u_{\mathrm{cp}}(1 + m)\left(\frac{h}{H_1}\right)^m\mathrm{d}t \tag{6-28}$$

式中: u_{cp} 为垂线平均流速; H_1 为实际水深; m 为系数,取 1/7。假设初始泥沙颗粒(絮团)随水流一起运动,在给定雷诺数 Re 的前提下,得到泥沙颗粒(絮团)沿 X 方向位移:

$$u_{z=h} = \frac{Re \cdot v}{R}(1 + m)\left(\frac{h}{H_1}\right)^m \tag{6-29}$$

式中: v 为悬浊液的运动黏度; R 为水力半径。紊流产生的切应力一般由黏性切应力 τ_1 和附加切应力 τ_2 组成,根据普朗特混掺长度理论可知紊流产生的时均切应力为:

$$\tau = \tau_1 + \tau_2 = \eta\frac{\mathrm{d}u_z}{\mathrm{d}z} + \rho l^2\left(\frac{\mathrm{d}u_z}{\mathrm{d}z}\right)^2 \tag{6-30}$$

式中: l 为混掺长度,是与液体质点时均自由运移长度成比例的物理量,可用下式计算(严冰等,2008):

$$l = 0.8H\left[\left(1 - \frac{h}{H_1}\right)^{1/2} - \left(1 - \frac{h}{H_1}\right)\right] \tag{6-31}$$

将式(6-31)带入式(6-30)可得到紊动切应力:

$$\tau = k_a\left(\frac{h}{H_1}\right)^{m-1}\left\{Re + 0.64\rho H_1^2\left[\left(1 - \frac{h}{H_1}\right)^{1/2} - \left(1 - \frac{h}{z}\right)\right]^2\frac{k_a}{\eta^2}\left(\frac{h}{H_1}\right)^{m-1}\right\} \tag{6-32}$$

式中: $k_a = \eta vm(1+m)/(RH_1)$。

需要特别指出的是,由于判断颗粒之间是否发生碰撞时,需计算任意两个颗粒之间的距离,当模拟区域较大时,泥沙颗粒数目较多,会形成一个巨大的矩阵,程序运行成本较高,考虑到泥沙絮团满足自相似性,即絮团的某一部分能反映整个絮团的性质,因此模拟区域一般在毫米级别,而水流作用下的位移远大于模拟区域,考虑到颗粒(絮团)在水流作用下运动出模拟区域的同时会有新的颗粒(絮团)进入,假设离开和进入的颗粒(絮团)具有相同的性质,即可得到一种类周期性边界处理方法解决此问题。具体如下:首先用模拟区域的底面边长(L)将水流作用下的位移 l_f 进行划分,得到 $l_f =$ INT $(l_f/L)L + l_f -$ INT $(l_f/L)L$,根据前述假设,我们认为颗粒(絮团)运动 INT $(l_f/L)L$ 后仍在原位置,即可得到水流作用下的泥沙颗粒(絮团)在模拟区域内的实际位移为 $l_f -$ INT $(l_f/L)L$,图 6-8 给出了类周期性边界处理方法。

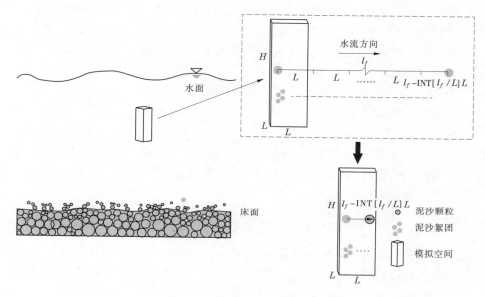

图 6-8　水流作用下泥沙颗粒(絮团)位移处理过程示意图

6.2.3　碰撞黏结模块

在碰撞黏结模块中,考虑两种计算模式:一是采用两颗粒间的距离和碰撞效率来判断是否发生碰撞黏结,该模式中认为当两个泥沙颗粒(絮团)的距离小于某一特定值(s_0)和碰撞黏结效率(a_0)时,其将会发生碰撞黏结,这种模式主要用于研究初始泥沙颗粒为光滑颗粒絮团生长过程;二是根据 DLVO 理论,通过计算颗粒之间的吸引能和静电斥力来判断是否发生碰撞,这种模式主要用于研究粗糙带电泥沙颗粒生长过程。具体计算过程为:根据粗糙带电泥沙颗粒生成机制,我们可以认为泥沙颗粒表面是由很多个点组成的,每个点上分布一定的电荷,那么两颗粒之间的碰撞只会发生在点与点之间,如图 6-9 所示,假设碰撞颗粒表面的某一点(r_i,θ_i,φ_i)上所带的电荷及碰撞点上所带的电荷为点电荷,因此可得到球 2 上某一点($r_{2j},\theta_{2j},\varphi_{2j}$)上所带电量对球 1 上碰撞点 A 的相互作用能为:

$$W_{A2f} = \frac{q_1(A)q_2(r_{2j},\theta_{2j},\varphi_{2j})}{4\pi\varepsilon_e r_{A2j}}$$

$$(6-33)$$

式中:q 表示所带电荷量;ε_e 为介电常数;r_{A2j} 表示碰撞点 A 与点($r_{2j},\theta_{2j},\varphi_{2j}$)之间的距离。相应球 2 上的其他点对 A 的作用能可依据式(6-33)得到,进而可求得球 2 对球 1 上碰撞点 A 的总作用能为:

$$W_{A2} = \sum_{j=1}^{n} \frac{q_1(A)q_2(r_{2j},\theta_{2j},\varphi_{2j})}{4\pi\varepsilon_e r_{A2j}} \tag{6-34}$$

采用相同计算方法可得到球 1 对球 2 的碰撞点 B 的作用能为:

$$W_{1B} = \sum_{i=1}^{m} \frac{q_1(r_{1i},\theta_{1i},\varphi_{1i})q_2(B)}{4\pi\varepsilon_e r_{1iB}} \tag{6-35}$$

进而可得到碰撞点 A 和 B 之间的相互作用能为:

$$W_{AB} = W_{1B} + W_{A2} = \sum_{i=1}^{m} \frac{q_1(r_{1i},\theta_{1i},\varphi_{1i})q_2(B)}{4\pi\varepsilon_e r_{1iB}} + \sum_{j=1}^{n} \frac{q_1(A)q_2(r_{2j},\theta_{2j},\varphi_{2j})}{4\pi\varepsilon_e r_{A2j}} \tag{6-36}$$

对于粒径大小不同的碰撞颗粒,其吸引能(Stankovich 等,1996;Ohshima,1995)为:

$$V_a(h_1) = -\frac{A}{6}\left[\frac{2a_1a_2}{(a_1+a_2+h_1)^2-(a_1+a_2)^2} + \frac{2a_1a_2}{(a_1+a_2+h_1)^2-(a_1-a_2)^2}\right] +$$
$$\ln\frac{(a_1+a_2+h_1)^2-(a_1+a_2)^2}{(a_1+a_2+h_1)^2-(a_1-a_2)^2} \tag{6-37}$$

式中:a_1 和 a_2 分别为两碰撞颗粒的粒径;h_1 为两颗粒之间的距离。进而比较 W_{AB} 与 V_a 的大小来判断是否发生颗粒碰撞黏结。当 $W_{AB} \leqslant V_a$ 时,颗粒发生碰撞黏结;否则,不发生。

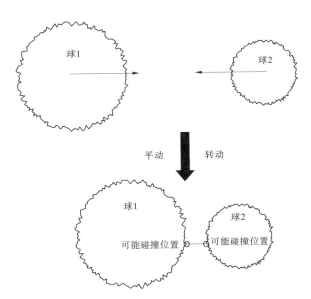

图 6-9　表面粗糙带电泥沙碰撞示意图

6.2.4　絮团破碎模块

　　试验和理论研究结果均表明,絮团尺寸越大,结构越疏松,颗粒之间的黏结作用越小,絮团强度越低。因此,大絮团在碰撞或水流剪切作用下会发生破碎,生成两个或几个子絮团(Safak 等,2013;Yuan 等,2010;Spicer 等,1996)。此外,絮团的破碎一定程度上减缓了絮团生成速率,使系统最终会进入稳定平衡状态(絮团生成速率与破碎速率相等)。絮团破碎模块中包括破碎判断和破碎方式两个子模块。

　　泥沙絮团强度与泥沙单颗粒的黏结力、絮团尺寸、絮团结构形态等因素有关,可用下式计算絮团破坏临界应力(Son 等,2009;Winterwerp,2002;Tambo 等,1979)。

$$\sigma_T = \left(\frac{\pi}{6}\right)^{-2/3} F_c \left(\frac{d_f}{d_0}\right)^{2D_F/3} d_f^{-2} \tag{6-38}$$

式中:F_c 是泥沙单颗粒之间的黏结力。对于絮团破碎方式而言,泥沙絮团在水流剪切作用下有三种破碎方式:二元破碎(絮团破碎后生成两个大小相似的子絮团)、三元破碎(絮团破碎成一个大子絮团和两个小子絮团)及正态破碎(絮团破碎生成的子絮团呈正态分布),在 RCFG 模型中三种方式均可通过函数调用。

6.2.5　模型边界条件

　　RCFG 模型中沿水流方向(模型中 X 方向)采用 6.2.2.3 中所述类周期性边界,水平 Y 方向采用周期性边界,竖直 Z 方向根据模拟位置的不同选择采用周期性边界或封闭性边界。

　　周期性边界是指当泥沙单颗粒或絮团运动出某一界面时,会从其相反的界面重新进入,絮团进入位置由该絮团边界颗粒进入其相反界面时的位置确定,如某个絮团在垂向上运动出下边界时,再次进入的位置就是絮团最上面的颗粒进入上边界时的位置,周期性边界主要适用于边界处不断有泥沙交换的情况;封闭性边界是指当泥沙单颗粒或絮团运动至边界时,颗粒将停留在其所在位置,这与近河床部分的泥沙运动情况较符合。

6.3　模型验证

6.3.1　布朗运动作用下的验证

　　为检验 RCFG 模型的可靠性,首先用 RCFG 模型模拟了极细颗粒(主要驱动力为布朗运动)的絮团生长过程,并与 Wu 等(2013)的试验结果进行了对比。该试验在一个小角度光散射(SALS)仪器中进行,试验原料是直径为 0.1 μm 的聚苯乙烯颗粒,颗粒体积浓度为 2.0×10^{-5} mol/L,试验中加入 0.3 mol/L 的 Al(NO₃)₃ 以创造快速絮凝条件,同时为了消除颗粒沉降对试验结果的影响,向悬浊液中加入体积浓度为 0.222 mol/L 的 D₂O 来使悬浊液的密度与颗粒密度相当。根据试验初始条件,调用光滑颗粒生成子模块将 917 颗粒径为 0.1 μm 的初始泥沙颗粒均匀地放入长 20 μm、宽 20 μm、高 60 μm 的模拟区域内,然后调用布朗运动子模块、碰撞黏结模块中的距离确定子模块进行计算,颗粒碰撞临界距离、碰撞效率初始设定为 $0.01d_0$ 和 0.5，具体值根据模拟值和试验值的吻合程度确定。

图 6-10 反映了整个模拟空间 $0\sim500$ s 内颗粒絮凝发育过程，从图 6-10 中可以看出，在极细颗粒絮团生长过程中，初期，颗粒在布朗运动作用下碰撞黏结形成絮团，絮团数量迅速增加，随着时间的延长，絮团尺寸逐渐变大，相应絮团布朗运动强度变弱，颗粒(絮团)之间碰撞频率变小，模拟空间内絮凝速度变慢。图 6-11 反映了 $0\sim500$ s 内不同粒径级别的絮团数目变化情况($k=1$、2、3、5、8)。从图 6-11 中可以看出：在细颗粒絮凝过程中，初始颗粒($k=1$)数一直下降，其他絮团($k=2$、3、5、8)的数目则遵循先增加后减小的规律，从图 6-10、图 6-11 中可以看出，极细颗粒的变化与絮凝理论中的描述基本一致。

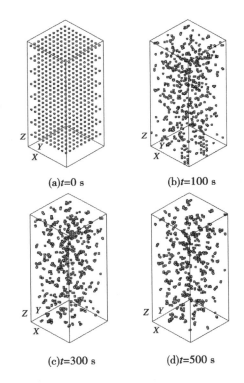

(a)$t=0$ s　　　(b)$t=100$ s

(c)$t=300$ s　　　(d)$t=500$ s

图 6-10　RCFG 模型模拟絮团生长发育过程(颗粒初始粒径为 $0.1~\mu\mathrm{m}$；驱动力为布朗运动)

图 6-12 反映了模拟空间内絮团分形维数随时间的变化情况(计算絮团包含 5 个以上初始颗粒)。初始时刻，颗粒均匀分布在模拟空间内，无絮团存在，分形维数为 3；初期($0\sim200$ s)，由于这段时间内形成的絮团中初始颗粒较少，颗粒与絮团之间碰撞位置较随机，且每一次的碰撞黏结都会对絮团结构产生较大的影响，从而造成絮团分形维数变化较大；当模拟时间超过 200 s 后，如前所述，颗粒(絮团)之间的碰撞频率变得很小，絮团结构也基本稳定，分形维数则在 1.85 ± 0.02，与 Wu 等 (2013)试验中得到的分形维数 1.80 ± 0.01 相差不大。

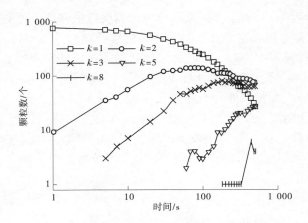

图 6-11　k 级絮团数量随时间的变化曲线(颗粒初始粒径为 0.1 μm;驱动力为布朗运动)

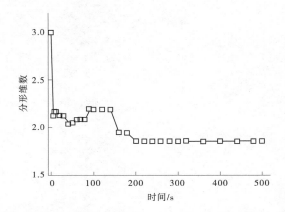

图 6-12　絮团分形维数随时间的变化曲线(颗粒初始粒径为 0.1 μm;驱动力为布朗运动)

6.3.2　重力和水流作用下的验证

　　进一步利用 Stone 等(2003)的试验结果验证了重力沉降和水流作用下泥沙絮团生长过程。该试验在加拿大安大略省伯灵顿市国家水研究所的一个旋转式环形水槽中进行。水槽直径 5.0 m、宽 0.3 m、高 0.3 m,水槽上面安装一个可上下移动的环形盖板,两侧的间隙约 1.5 mm,水槽和盖板均可独立转动,转速在 0~3 r/min。试验所用泥沙取自加拿大西北地区的海伊河,其最小粒径约 2.0 μm,泥沙浓度为 0.2 g/L。为与试验初始条件尽可能的相同,模拟时首先 917 颗粒径为 0.1 μm 的初始泥沙颗粒均匀地放入长 20 μm、宽 20 μm、高 60 μm 的模拟区域内,同时设定模拟区域底部剪切力为 0.325 Pa,然后调用重力沉降子模块、水流作用子模块、碰撞黏结模块和絮团破碎模块进行计算。颗粒碰撞临界距离、碰撞黏结效率、终止时刻絮团变化数初始设定为 $0.01d_0$、0.1 和 3,泥沙颗粒间的黏结力的初始值则根据 Kranenburg(1999)的研究成果计算。Kranenburg 通过测量得到粒径为 600 μm 的河口泥沙絮团强度(F)约 8.5×10^{-9} N,此值与 Matsuo 等(1981)得到的絮团强度值($1.1 \times 10^{-9} \sim 4.4 \times 10^{-8}$ N)相差不大,通过计算可得絮团破坏临界应力约为 0.03 Pa $[\sigma_T = F/(4\pi d_f^2)]$,进而根据式(6-38)可得颗粒间的黏结力约为 10^{-11} N。

根据 6.2.2.2 中提出的絮团分形维数计算方法得到了稳定时刻絮团分形维数约为 2.79,与试验值 2.81 吻合较好,此时,颗粒碰撞临界距离、碰撞黏结效率、终止时刻絮团变化数和颗粒间的黏结力分别为 $0.001d_0$、0.01、3 和 1.5×10^{-12} N。需要特别指明的是,试验是通过絮团的投影面积和特征尺寸得到的二维分形维数,而模型中计算得到的是三位分形维数,因此采用一种广为接受的方法得到试验中的三维分形维数,即将文献中的二维分形维数加上 1(蒋书文等,2003)。

综上可知,RCFG 模型模拟絮团生长过程与 smoluchowski 絮凝理论中的描述相一致,絮团分形维数与文献中的值基本吻合,此模型能用于模拟黏性泥沙絮团微观生长过程,且具有一定的精度。

6.3.3　敏感性分析

以计算时间和稳定时期的分形维数为指标,通过数值试验分析了颗粒碰撞临界距离、碰撞黏结效率、终止时刻絮团变化数对计算结果的影响。模拟试验中采用与 6.3.2 中相同的模拟区域、泥沙粒径、泥沙粒径和剪切力。

表 6-2 为敏感性分析结果统计,从表 6-2 中可以看出,当颗粒碰撞临界距离从 $0.01d_0$ 变化到 $0.001d_0$ 时,模型计算时间增加了 82.5%,絮团分形维数增加了 1.5%,主要原因是颗粒碰撞临界距离变小后颗粒碰撞频率变小,且与变化前具有相同尺寸的絮团内包含的初始颗粒变多,絮团较密实;当碰撞黏结效率从 1 变化到 0.01 时,碰撞颗粒黏结效率变小,但颗粒变的易进入絮团内部,同样导致模型计算时间和分形维数有所增加,分别为 114% 和 2.2%,相似的结论出现在 Moncho-Jordá 等(2001)、Odriozola 等(2003)和 Zhang 等(2016)的研究中,而由于黏性泥沙絮团生长稳定期是一个动态平衡,终止时刻絮团变化数的影响较小。

表 6-2　敏感性分析结果统计

组成	模拟区域/ (μm× μm×μm)	初始泥沙数量	d_0/ μm	F_c/ N	碰撞临界距离	碰撞黏结效率	终止时刻絮团变化数	计算时间/ s	分形维数
1				1.5×10^{-12}	$0.01d_0$	1	3	1 500	2.71
2	200×200× 1 000	721	2	1.5×10^{-12}	$0.001d_0$	1	3	2 050	2.75
3				1.5×10^{-12}	$0.01d_0$	0.01	3	3 210	2.77
4				1.5×10^{-12}	$0.01d_0$	1	1	1 710	2.72

6.4　模型应用

6.4.1　机制和规律研究

6.4.1.1　计算方案

使用 RCFG 模型通过数值试验研究了在不同驱动力、初始泥沙颗粒不同粒径分布、初始含沙量、颗粒表面形态和电荷分布下的黏性泥沙絮团生长过程。根据研究目标和计算成本,数值试验分成两大类:光滑不带电初始颗粒和带电初始颗粒,具体如下。

1. 光滑不带电初始颗粒

研究黏性泥沙颗粒外部因素对絮团生长过程的影响,由于颗粒表面形态和带电情况是一个定值,为减少计算成本,故初始泥沙采用光滑不带电球形颗粒。

1) 均匀粒径

参照《全国主要河流中水文特征统计》中河流含沙量的统计结果,含沙量取 1.7 kg/m³、2.6 kg/m³、3.5 kg/m³、4.3 kg/m³、5.2 kg/m³、6.1 kg/m³、6.9 kg/m³ 和 7.8 kg/m³,相应的体积浓度为 0.000 64、0.000 98、0.001 3、0.001 6、0.002 0、0.002 3、0.002 6 和 0.002 9;泥沙碰撞机制包括布朗运动(B)、重力沉降(L)及水流作用(W)三种。初始泥沙粒径设为 1.0 μm;碰撞黏结效率取 1、0.1、0.01 和 0.001 四个数量级;水流作用考虑了层流中均匀切变水流和紊动水流两种,其中,均匀切变水流中以水流剪切强度 G 为参数,分别取 0、1 s⁻¹、5 s⁻¹、9 s⁻¹、11 s⁻¹、13 s⁻¹、15 s⁻¹、17 s⁻¹、19 s⁻¹ 和 21 s⁻¹;紊动水流的垂线平均流速在 0.012~2.6 m/s 变化,用雷诺数控制;模拟在长 40 d_0、宽 40 d_0、高 100 d_0 的长方体区域中进行。

2) 非均匀粒径

考虑到天然状态下泥沙颗粒一般是不均匀的,进一步模拟了初始泥沙为非均匀分布时黏性细泥沙絮凝发育过程。根据天然泥沙粒径组成情况,模型中假设初始泥沙颗粒服从正态分布,中值粒径取 5 μm,为得到不同的粒径组成,标准差 σ 分别取 0、0.3、0.5、0.7、1.0 和 1.5。初始泥沙颗粒数设定为 900 颗,相应体积浓度分别为 0.005 9、0.005 9、0.006 0、0.006 2、0.006 4 和 0.007 6。模拟区域为长 100 μm、宽 100 μm、高 1 000 μm 的长方体区域,鉴于模拟区域尺寸较小,假设整个模拟区域内的水流条件是相同的,水流速度取 0.5 m/s,时间步长同上,也设为 1 s。

2. 带电初始颗粒

带电初始颗粒分为光滑电荷均匀分布(方案 1)和粗糙带电(方案 2)两种,颗粒和模拟区域等其他初始条件同非均匀光滑颗粒,根据王允菊(1983)测量长江口黏性泥沙表面电荷的结果,黏性泥沙颗粒表面电荷密度为 5.5×10⁻⁷ ~ 17×10⁻⁷ mc/cm²,模拟试验中泥沙颗粒表面平均电荷密度设为 10×10⁻⁷ mc/cm²。

6.4.1.2　考量参数

1. 絮团形状参数

絮团呈何种形态(球形、椭圆形、长形或方形等),影响其吸附性能、扰流阻力、沉降速度等。采用 Leone 等（2002）提出的絮团 3 个方向发育参数 R_{yz}/R_x，R_{xz}/R_y，R_{xy}/R_z 来分析絮团的形态状况，其中

$$R_x = \sqrt{\frac{1}{N_0}\sum_{i=1}^{n}(rr_i \cdot rr_i - x_i^2)}; R_y = \sqrt{\frac{1}{N_0}\sum_{i=1}^{n}(rr_i \cdot rr_i - y_i^2)}; R_z = \sqrt{\frac{1}{N_0}\sum_{i=1}^{n}(rr_i \cdot rr_i - z_i^2)}$$
$$\left.\begin{array}{l}R_{yz} = (R_y + R_z)/2; R_{xz} = (R_x + R_z)/2; R_{xy} = (R_x + R_y)/2\end{array}\right\}$$

$$(6-39)$$

式中：N_0 为絮团内泥沙单颗粒的数目；rr_i 为絮团内单颗粒 i 到絮团重心的距离；x_i，y_i，z_i 分别为 rr_i 在 3 个方向上的投影。$R_{xy}/R_z < 1$ 表明絮团在 Z 方向上的发育较差，絮团在 Z 方向上长度较短；$R_{xy}/R_z > 1$ 则说明絮团在 Z 方向上发育较好。

2. 分形维数

分形维数是分形理论中描述分形体结构复杂程度的一个新兴概念，其与絮团的诸多性质相关，如沉速、孔隙率等，因此书中将分形维数作为考量泥沙絮团生长过程的重要参数，采用 6.2.2.2 中提及的改进回转半径法计算。

3. 多重分形维数

泥沙絮团粒径分布能直接反映黏性细颗粒泥沙絮凝过程中絮团数目及尺寸情况，同时，从宏观角度而言，泥沙粒径组成影响水流挟沙力，对河床冲淤会产生一定的影响。因此，采用多重分形来研究泥沙絮团粒径分布情况。所谓多重分形是指定义在分形体上的多个标度指数的奇异测度所组成的集合，它能够刻画物理量的分布情况，一般用一个谱函数来表示分形的不同层次特征。也就是用尺度为 λ 的"盒子"对整个絮团粒径范围进行划分（λ 是变化的），所需盒子的总数设为 N，进而由每个盒子的概率测度 $\mu_i'(\lambda)$（该盒子内絮团的体积百分比）、尺度 λ 和 q_0（取−5~5），可得到广义分形维 $D(q_0)$（Montero，2005）

$$\left.\begin{array}{ll}D(q_0) \approx \dfrac{1}{q_0-1} \times \dfrac{\log\left[\sum\limits_{i=1}^{N(\lambda)}\mu_i'(\lambda)^{q_0}\right]}{\log\lambda} & q_0 \neq 1 \\[4mm] D_1 \approx \dfrac{\sum\limits_{i=1}^{N(\lambda)}\mu_i'\log\mu_i'(\lambda)}{\log\lambda} & q_0 = 1\end{array}\right\}$$

$$(6-40)$$

当 $q_0 = 0$ 时，$D(q_0)$ 为粒径分布的容量维数 D_0，也就是集合维数，用于反映絮团粒径分布的最基本信息；当 $q_0 = 1$ 时，$D(q_0)$ 为信息维 D_1，其主要提供粒径分布的异质性（均匀性）信息；当 $q_0 = 2$ 时，$D(q_0)$ 为关联维数 D_2，其主要反映粒径分布的聚集程度。当 $D(q_0)$ 随 q_0 的变化是一条直线时，则该分布不具有多重分形的性质，且为均匀分布（Dathe 等，2006）。

4. 质量平均尺寸

黏性细颗粒泥沙絮团的密度和体积均会随尺寸的改变而变化，单用絮团体积或大小分析是不全面的，因此引入质量平均尺寸 S_m 分析絮凝发育状况（Leone 等，2002），即

$$S_m = \frac{\sum N^2 n_N m_0}{\sum N_0 n_N m_0} = \frac{\sum N_0^2 n_N}{\sum N_0 n_N}$$

$$(6-41)$$

式中：N_0 为絮团中包含初始泥沙颗粒的个数；n_N 为整个模拟区域内该絮团的个数；m_0 为初始泥沙颗粒的质量。

6.4.1.3 重力作用下絮团生长过程

1. 絮凝速率的变化

根据 smoluchowski 絮凝理论可知,模拟区域内泥沙总颗粒数目(初始单颗粒和絮团之和)的变化情况一定程度上反映了黏性细颗粒泥沙的絮凝快慢及程度。因此,定义某时刻泥沙总颗粒数目占初始泥沙颗粒数目的百分比为泥沙颗粒浓度 C,以颗粒浓度 C 随时间的变化分析泥沙絮凝过程中絮凝速率的变化情况。

图 6-13 是不同碰撞机制和边界条件下颗粒浓度 C 随时间的变化曲线(初始含沙量为 4.3 kg/m^3),图 6-13 中:ZB 表示周期性边界;FB 表示封闭性边界;$B+ZB$ 则表示在周期性边界条件下仅考虑布朗运动碰撞机制;$B+L+ZB$ 表示在周期性边界条件下同时考虑布朗运动和差速沉降碰撞机制,其他组合依此类推。由图 6-13 可知:碰撞机制仅为布朗运动时,两种边界条件下颗粒浓度 C 的变化相差较小,主要原因是:絮凝形成的泥沙絮团达到一定尺寸后,布朗运动作用变弱,从而使两种边界条件下 C 的变化相差不大。考虑差速沉降碰撞机制后,初始一段时间内(0~150 s),无论哪种边界条件,颗粒浓度 C 变化均不大,主要原因是:此阶段形成的絮团尺寸较小,絮团与颗粒(絮团)之间的沉速相差较小,不足以形成明显的差速絮凝,因此该阶段总颗粒数目的下降主要是由布朗运动下单颗粒(絮团)之间的碰撞黏结造成的;但随时间的延长,絮团尺寸逐渐变大,絮团与单颗粒(其他絮团)之间的沉速差距变大,差速絮凝作用变明显,考虑差速沉降碰撞机制的颗粒浓度 C 下降速率变快,且周期性边界条件下 C 下降更快。由上可知,重力沉降能增加泥沙颗粒(絮团)碰撞频率,加快黏性细颗粒泥沙的絮凝,且周期性边界条件下的促进作用强于封闭性边界条件,也就是说,重力沉降对实际河流中不同区域的促进作用是有差异的,主要原因是在周期性边界条件下,絮团沉降至模拟区域底部后会从顶部重新进入,再一次卷扫捕捉周围单颗粒或小絮团。

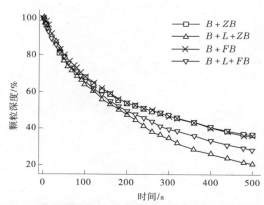

图 6-13　不同碰撞驱动力和边界条件下颗粒浓度 C 随时间的变化曲线

2. 分形维数的变化

如果模拟空间内泥沙浓度较小,絮凝形成的泥沙絮团中含有的单颗粒数目则较少,会影响分形维数计算的准确性。因此,选用含沙量为 6.9 kg/m^3 来分析布朗运动和差速沉降碰撞机制下泥沙絮团分形维数的变化情况(分形维数为含有单颗粒数目大于 10 的絮团的计算平均值)。图 6-14、图 6-15 为不同碰撞机制下泥沙絮团分形维数随时间的变化曲线(周期性和封闭性边界),由图 6-14、图 6-15 中可以看出:考虑差速沉降碰撞机制后,泥沙絮团分形维数随时间的变化与仅考虑布朗运动碰撞机制时有较大的差别,但两种边界条件下的变化规律大体相似,即初始阶段(0～140 s),分形维数变化较小,而后分形维数先增加后减小,最终趋于稳定值(周期性边界下为 2.04,封闭性边界下为 2.12),且均大于布朗运动碰撞机制下稳定值(1.85)。主要原因是:初始阶段絮凝形成的絮团粒径较小,重力沉降作用不明显,两种情况下均是布朗运动碰撞机制占主要地位,从而使絮团分形维数的变化与仅考虑布朗运动时相差不大;随着时间的推移,絮团粒径逐渐变大,较大絮团与单颗粒(小絮团)之间的沉速差距变大,其在沉降过程中会卷扫周围的小颗粒(絮团),且这些小颗粒(絮团)易进入絮团内部,使絮团变密实,絮团分形维数增大,但当模拟空间内颗粒浓度降到一定程度后,大絮团在沉降过程中只能卷扫到其边缘附近的颗粒(絮团),从而使絮团孔隙率增大,结构变得疏松,分形维数随之下降,图 6-16 给出了黏性细颗粒泥沙絮凝过程中不同时刻絮团结构的变化。

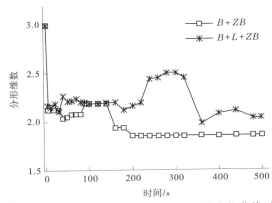

图 6-14　不同碰撞驱动力下絮团分形维数随时间的变化曲线(周期性边界)

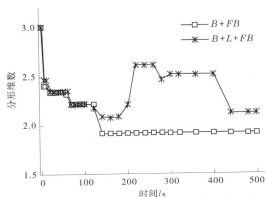

图 6-15　不同碰撞驱动力下絮团分形维数随时间的变化曲线(封闭性边界)

　　虽然两种边界下分形维数变化曲线大体上相似,但略有不同,主要表现在:封闭性边界条件下分形维数开始增加的时间较早且增幅较大,而开始减小的时间则较晚,并且稳定时封闭性边界条件下的分形维数(2.12)大于周期性边界下的分形维数(2.05),如

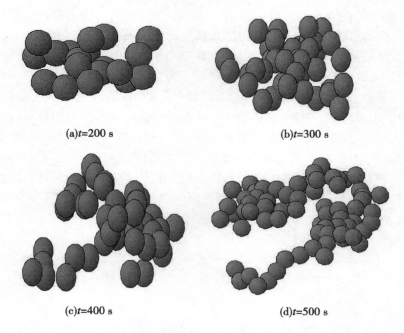

(a)t=200 s　　　　　　　　　　(b)t=300 s

(c)t=400 s　　　　　　　　　　(d)t=500 s

图 6-16　重力作用下不同时刻形成的絮团结构(含沙量 6.9 kg/m³;周期性边界)

图 6-17 所示。造成这些差异的主要原因是:在封闭性边界条件下,泥沙絮团沉降至模拟空间底部后即沉积于此,造成下部空间泥沙颗粒浓度相对较大,从而使中部的泥沙絮团沉降时能卷捕更多的单颗粒(絮团)进入其内部,絮团分形维数开始增加的时刻较早,且增幅较大;之后,随着模拟空间内泥沙颗粒浓度的降低,絮团在沉降过程中很难再卷扫到小颗粒(絮团),分形维数在一段时间内保持不变,但当大部分絮团沉降至模拟区域底部时,又与底部原先沉积的絮团发生碰撞结合,使絮团分形维数降低,最终趋于稳定值。周期性边界条件下虽然不存在絮团在模拟区域底部沉积的问题,但模拟后期,泥沙絮团卷扫或网捕的颗粒(絮团)较少且主要位于边缘,从而使稳定期絮团分形维数略小。

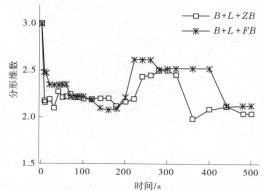

图 6-17　重力作用下不同边界条件的絮团分形维数随时间的变化曲线

3.絮团粒径分布的变化

表 6-3 给出了稳定时刻(t=500 s)泥沙絮团粒径分布的广义分形维数(表中只给出了

含沙量为 1.7 kg/m³、4.3 kg/m³、6.9 kg/m³ 下的 D_0、D_1 和 D_2)。由表 6-3 可知:无论哪种含沙量和边界条件,引入差速沉降碰撞机制后,D_0、D_1 和 D_2 均变大,粒径分布范围变广,异质性变强,主要原因是:考虑颗粒(絮团)重力沉降后,絮团与颗粒(絮团)之间会发生差速絮凝,大絮团沉降过程中会卷扫周围的颗粒(絮团),形成更大尺寸的絮团,使絮团粒径分布范围变宽,如图 6-18 所示。

表 6-3　不同碰撞驱动力下絮团广义分形维数计算

含沙量/ (kg/m³)	边界条件	B			B+L		
		D_0	D_1	D_2	D_0	D_1	D_2
1.7	封闭性	2.00	1.95	1.90	2.32	2.12	1.95
	周期性	2.00	1.70	1.53	2.58	2.50	2.44
4.3	封闭性	2.58	2.36	2.08	3.17	2.84	2.83
	周期性	2.58	2.36	2.35	3.32	3.06	2.91
6.9	封闭性	2.58	2.36	2.23	3.58	3.30	3.02
	周期性	2.81	2.59	2.47	3.70	3.01	2.60

注:计算数据取自程序运行 500 s 后。

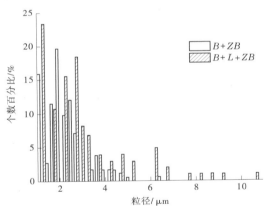

图 6-18　不同碰撞驱动力下泥沙絮团粒径分布(含沙量为 4.3 kg/m³;周期性边界;t = 500 s)

从表 6-3 中还可看出:引入差速沉降碰撞机制后,含沙量对絮团粒径分布也有一定的影响。当含沙量从 1.7 kg/m³ 增至 6.9 kg/m³ 时,D_0、D_1 和 D_2 均增大,即随含沙量的增加,絮团粒径分布变宽,异质性变强,同时,D_1/D_0 的值随含沙量的增加逐渐减小,如周期性边界条件下,含沙量为 1.7 kg/m³ 时 D_1/D_0 为 0.969,含沙量为 4.3 kg/m³ 时 D_1/D_0 为 0.922,含沙量为 6.9 kg/m³ 时 D_1/D_0 为 0.814,由于 D_1/D_0 的大小与粗颗粒含量成反比 (Mehta 等,1993),由此可知,随初始含沙量的增加,大絮团比例增大。从表 6-3 中的数据还可发现:周期性边界条件下的 D_0、D_1 和 D_2 均大于封闭性边界条件下的(6.9 kg/m³ 下的数据 D_1 和 D_2 出现异常),主要原因是:周期性边界条件下,絮团会周而复始地在模拟空间内运动,能网捕卷扫更多的泥沙颗粒(絮团),形成大絮团的概率更高。

6.4.1.4　均匀切变流作用下絮团生长过程

利用 RCFG 模型模拟了层流中的均匀切变流下的黏性泥沙絮团生长发育过程,所谓均匀切变水流是指水流垂向流速梯度保持不变。模拟时,将水流加在水平 X 方向;水流剪切强度 G 分别取 0、1 s^{-1}、5 s^{-1}、9 s^{-1}、11 s^{-1}、13 s^{-1}、15 s^{-1}、17 s^{-1}、19 s^{-1} 和 21 s^{-1},由于只有不同深度的相对流速才能引起颗粒碰撞,因此模拟区域底部流速设为 0 以便于计算;水平方向采用周期性边界条件,垂向采用封闭性边界条件。

1. 絮凝速率的变化

图 6-19 为不同碰撞机制下泥沙颗粒浓度 C 随时间的变化曲线,图 6-20 是相应的泥沙絮团数目 q_2 的变化情况,图 6-19、图 6-20 中初始含沙量均为 7.8 kg/m^3,P 表示絮团破碎模块。由图 6-19 可知:考虑水流作用碰撞机制后,泥沙絮凝速率明显加快,且主要表现在絮凝初期;考虑絮团破碎时,絮团达到一定尺寸后开始剪切破碎,此时 C 衰减变慢,甚至会出现 C 增加的现象;但相同时间内,C 的降低程度仍大于未考虑水流作用碰撞机制的,如程序运行 200 s 后,B、$B+L$、$B+L+W$ 和 $B+L+W+P$ 下总颗粒浓度 C 分别降至 39%、34%、8% 和 14%。从图 6-20 中的曲线变化可知,在不同碰撞机制下,絮团数目随时间基本遵循先增加后减少的规律,但考虑水流作用碰撞机制后,絮团数量的变化集中在初始一小段时间内,且絮团总数较小,较强的水流剪切力下絮团会发生破碎,黏性细颗粒泥沙絮凝进入稳定平衡期的时间较早。

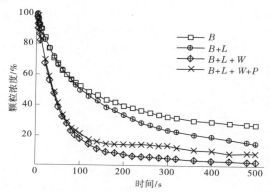

图 6-19　不同碰撞驱动力下泥沙颗粒浓度随时间的变化曲线

为进一步探讨不同水流条件的影响作用,模拟了不同水流剪切强度下黏性细颗粒泥沙的絮凝发育过程,颗粒浓度 C 的变化情况如图 6-21 所示。由图 6-21 可知:总颗粒浓度 C 不再一直衰减,而是有减有增,且平衡状态的颗粒浓度随水流剪切强度的增加呈先减后增的规律,主要原因是:水流增加了单颗粒(絮团)之间的碰撞频率,且 G 较小时,水流产生的剪切力不足以破坏泥沙絮团,G 的增加促进泥沙絮凝;但 G 较大时,泥沙絮团在高水流剪切力下破碎成两个或多个子絮团,造成 C 衰减速率变慢,甚至出现 C 反增现象。稳定平衡期内,絮团生成速率与破碎速率相近,C 变化较小,但水流剪切强度越高,模拟区域内小絮团和泥沙单颗粒数量越多,大絮团数量越少。

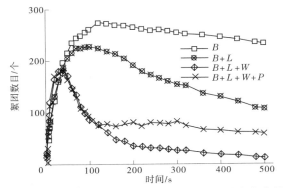

图 6-20　不同碰撞驱动力下絮团数目随时间的变化曲线

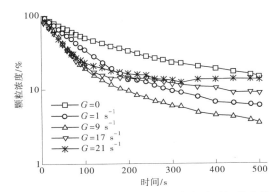

图 6-21　不同水流剪切强度下颗粒浓度随时间的变化曲线

2. 絮团形态的变化

表 6-4 是泥沙颗粒在不同碰撞机制下运行 500 s 后絮团分形维数及形状参数的计算结果(统计絮团为包含 9 个以上泥沙单颗粒的絮团,絮团分形维数为 $G=1\ \mathrm{s^{-1}}$、$5\ \mathrm{s^{-1}}$、$9\ \mathrm{s^{-1}}$、$13\ \mathrm{s^{-1}}$、$17\ \mathrm{s^{-1}}$、$21\ \mathrm{s^{-1}}$ 时的平均值)。

表 6-4　不同碰撞机制下絮团分形维数及形状参数计算

碰撞机制	R_{yz}/R_x	R_{xz}/R_y	R_{xy}/R_z	D_F
B	1.06	0.99	0.95	1.91
$B+L$	1.10	1.17	0.73	2.17
$B+L+W$	1.01	1.90	1.46	2.16
$B+L+W+P$	1.03	1.49	1.24	2.46

由表 6-4 中的计算结果可知,仅考虑布朗运动碰撞机制时,R_{yz}/R_x,R_{xz}/R_y,R_{xy}/R_z 的值均接近 1,即絮团在 3 个方向上同步发育,絮团近似呈对称结构,这与前人的研究结果是一致的,其絮团形态如图 6-22(a)所示;引入差速絮凝沉降机制后,R_{yz}/R_x 和 R_{xz}/R_y 增大,R_{xy}/R_z 减小,分形维数变大,主要原因是大絮团沉降时卷扫周围单颗粒(絮团),促进

絮团在水平方向上发育,且捕捉到的小颗粒(絮团)易进入絮团内部,使絮团分形维数较大,絮团形态如图 6-22(b)所示;当引入水流作用碰撞机制但水流强度不足以破坏絮团时,不同深度的泥沙颗粒(絮团)在水流作用下发生碰撞黏结,R_{xz}/R_y、R_{xy}/R_z 的值较大,絮团在 Y、Z 方向充分发育,此作用与重力作用相似,因此分形维数变化不大,絮团形态如图 6-22(c)所示,而当水流强度大到足以使絮团破碎时,絮团粒径分布趋于均匀,且大絮团破碎后暴露出来的孔隙会被其他小颗粒(絮团)填充,使絮团较密实,相应分形维数也较大,絮团形态如图 6-22(d)所示。

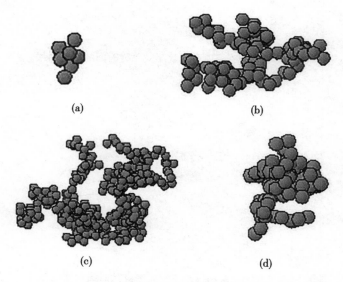

$$\text{(a)}\qquad\qquad\qquad\qquad\text{(b)}$$

$$\text{(c)}\qquad\qquad\qquad\qquad\text{(d)}$$

图 6-22　不同碰撞驱动力下泥沙絮团结构($t = 500$ s)

3. 絮团粒径的变化

图 6-23 是不同水流剪切强度下絮团粒径分布情况,其中横轴为絮团粒径,纵轴为小于某粒径的絮团所占百分比。根据图 6-23 中曲线变化可知,考虑水流作用碰撞机制后,无论水流剪切强度多大,絮团粒径趋于均匀分布,且较大尺寸絮团所占比例变大,如 $G = 11$ s^{-1} 时,粒径在 $8 \sim 14$ μm 的絮团由不考虑水流作用碰撞机制的 7.4% 增至 16.4%。主要原因是:布朗运动仅能使极小颗粒(絮团)碰撞在一起,差速沉降则主要发生在沉速相差较大的颗粒(絮团)之间,且容易形成极大絮团,造成絮团分布不均匀,而水流作用则使那些原本在布朗运动及差速沉降碰撞机制下不能碰撞的颗粒(絮团)发生碰撞,增加了各级絮团出现的概率,且极大絮团在高水流剪切力下会破碎成较小的子絮团,降低了极大絮团出现的可能性,使絮团粒径分布趋于均匀。

图 6-24 和图 6-25 为不同剪切强度下絮团最大粒径 d_{max} 和平均粒径 d_{avg} 的变化情况。由图 6-24 可知,d_{max} 随时间遵循先缓慢变大,后急剧增大,最后趋于稳定值的规律,且进入平衡期的时间和稳定期絮团 d_{max} 与水流剪切强度直接相关,主要表现为:G 越大,进入平衡期时间越早,相应 d_{max} 越小。絮团平均粒径 d_{avg} 则随 G 的增加呈先增后减的规律,且在某一特定 G 时达到最大值(图 6-25 中为 $G = 13$ s^{-1}),主要原因是:G 较小时,水流产生的剪切力较小,不足以使絮团破碎,虽然模拟区域内能生成较大尺寸的絮团,但数目较少,小

尺寸絮团所占比例较大,从而造成絮团平均粒径 d_{avg} 较小;当 G 增加时(小于 13 s^{-1}),虽然 d_{max} 有所减小,但 G 的增加一定程度上促进黏性细颗粒泥沙的絮凝,且水流剪切力只能破坏大絮团,造成较大尺寸絮团所占比例变大,进而使 d_{avg} 增加;但当水流强度很大时,大多数尺寸的絮团在强水流剪切力作用下破碎,虽然絮团数量较多,但多数为小尺寸絮团,絮团平均粒径 d_{avg} 较小。

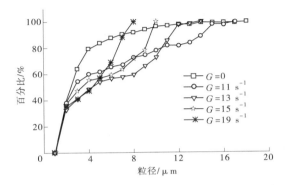

图 6-23　絮团粒径分布随水流剪切强度的变化曲线($t = 500$ s)

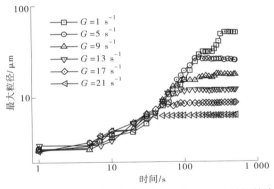

图 6-24　不同水流剪切强度下絮团最大粒径 d_{max} 随时间的变化曲线

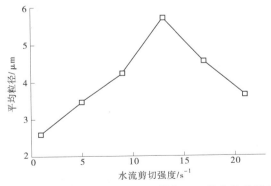

图 6-25　不同水流剪切强度下絮团平均粒径 d_{avg} 的变化曲线($t = 500$ s)

6.4.1.5　紊流作用下絮团生长过程

　　天然河道中水流多为紊流,与层流不同,紊流的脉动作用不仅使不同层水体之间相互掺混,并且产生的剪切力也较大。因此,以河道中部分区域(长 1.0 m、宽 1.0 m、高 2.5 m)为研究对象,在垂向上远离床底及水面的不同高度处(h = 0.2 m、0.5 m、0.7 m、0.8 m、1.0 m、1.2 m、1.5 m、1.8 m 和 2.2 m,h 从底部算起)划出长 $40d_0$、宽 $40d_0$、高 $100d_0$ 的小长方体作为模拟空间来研究紊流下黏性细颗粒泥沙絮凝发育过程(由于模拟区域较小,假设区域内流速和水流剪切力是不变的)。模拟时,初始泥沙颗粒粒径及含沙量分别取 1.0 μm 和 7.9 kg/m³;3 个方向上均采用周期性边界条件;垂向平均流速在 0.012 ~ 2.6 m/s 变化,具体大小用雷诺数表示。

　　1. 絮凝速率的变化

　　图 6-26 是不同紊动强度下总颗粒浓度 C 随时间的变化曲线,其中 C 是不同高度下的平均值。由图 6-26 中曲线变化可知:紊流环境下,黏性细颗粒泥沙絮凝过程可分为加速段(图中不明显)、等速段、减速段和稳定段,且泥沙总颗粒数目的变化主要集中在等速段。紊流则主要是通过改变等速段时长影响絮凝效果的,主要表现为:等速段作用时间随紊动强度的增加呈先增后减的规律(Re 为 $1×10^5$ 时等速段时间最长)。主要原因是:Re 较小时,水流紊动作用较弱,影响作用较小;而 Re 增加后,水体间相互掺混作用变强,一定程度上促进泥沙单颗粒(絮团)的碰撞,且较小的紊动作用不足以使絮团破碎,絮团破碎频率较小,等速段作用时间较长;Re 继续增大时,絮团在强紊动作用下大量破碎,絮团破碎频率变大,絮团数目不再一直减少,甚至出现反增的情况(见图 6-27),相应等速度段历时变短,减速段进入时间提前。

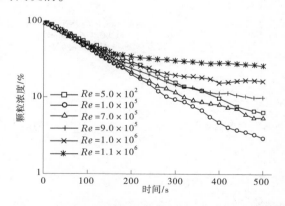

图 6-26　不同紊动强度下颗粒浓度随时间的变化曲线

　　由于垂向上紊动强度不同,将研究区域沿竖直 Z 方向分成三部分:下部(0 ~ 0.75 m)、中部(0.75 ~ 1.25 m)、上部(1.25 ~ 2.5 m),以研究絮凝速率的空间变化。图 6-28 是雷诺数 Re 为 $1.1×10^6$ 时上、中和下 3 个区域内颗粒浓度 C 的变化情况。由图 6-28 中曲线变化可知:上、下两区域内絮凝速率变化相似,中部区域等速段时间相对较短,进入稳定期(絮团生成速率与破碎速率相近)的时间也较早。主要原因是:紊流产生的水流剪切力自上而下表现为先增大后减小的规律(见图 6-29),而较大的紊动剪切力使中部区域内絮

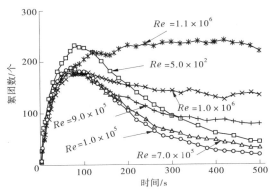

图 6-27　不同紊动强度下絮团个数随时间的变化曲线

团破碎现象最显著,絮团破碎速率最大,从而使絮团破碎速率与絮团生成速率很快达到平衡,较早进入稳定期。

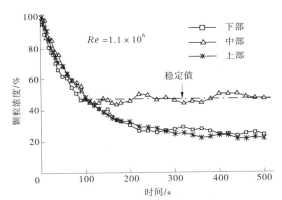

图 6-28　不同区域颗粒浓度 C 随时间的变化曲线

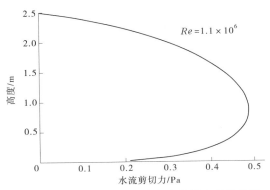

图 6-29　不同高度处紊动水流剪切力变化曲线

2. 分形维数的变化

为分析紊流环境下泥沙絮团结构的变化,首先计算了不同紊动强度下泥沙絮团平均分形维数($Re=500$、1×10^5、3×10^5、5×10^5、7×10^5、9×10^5、1.1×10^6)。经计算:相应的絮团分形维数分别为 1.92、2.09、2.16、2.32、2.47、2.74 和 2.75($t=460$ s)。由此可知,泥沙絮团

分形维数随紊流强度的增加逐渐增大,最终趋于稳定。主要原因是:随水流紊动作用的增强,紊动水流剪切力逐渐变大,泥沙絮团在紊动剪切力下大量破碎,暴露出来的絮团孔隙会被其他单颗粒或小絮团填充,絮团变密实,相应絮团分形维数增大;然而,随着絮团尺寸的减小,絮团强度逐渐变大,紊动水流剪切力对絮团的影响作用变小,絮团结构逐渐稳定,絮团分形维数趋于某一固定值。

表 6-5 是 $Re = 1.0 \times 10^5$ 时,上、中、下 3 区域内泥沙絮团分形维数的时空变化情况。由表中数据变化可知:紊流下,3 区域内絮团分形维数随时间基本遵循先减后增的规律,且最终趋于稳定值。主要原因是:初始一段时间内,形成的泥沙絮团疏松多孔,分形维数随絮团尺寸的增加而减小,而当絮团增长到一定尺寸后会在紊动水流剪切力作用下破碎,暴露在外的内部孔隙会被泥沙单颗粒(小絮团)填充,从而使絮团分形维数变大。对于不同区域而言,初始一段时间内,絮团分形维数相差不大,但随时间的延长,逐渐呈下部区域的分形维数最大,上部区域次之,中部区域最小的规律,上、中、下 3 个区域内絮团形态如图 6-30 所示。主要原因是:初期,絮凝主要以泥沙单颗粒(絮团)之间的碰撞黏结为主,且形成的絮团尺寸较小,3 个区域内絮团分形维数相差不大;随时间的延长,如前所述,水流的紊动剪切作用逐渐占据主要地位,且由于中部的紊动水流剪切力最大,絮团破碎现象最显著,破碎生成的子絮团在沉降过程中卷扫网捕周围颗粒填充其暴露出来的内部孔隙,从而造成下部区域的絮团分形维数最大。

表 6-5　泥沙絮团分形维数计算

t/s	上部	中部	下部
0	3	3	3
80	2.35	2.38	2.36
160	1.75	1.72	1.79
260	2.02	1.97	2.10
420	2.05	2.01	2.24
440	2.05	2.01	2.24
460	2.07	2.00	2.21

注:表中 $Re = 1.0 \times 10^5$。

3. 絮团平均粒径的变化

以泥沙絮团平均粒径为参数,探讨了紊流环境下黏性细颗粒泥沙絮凝过程中絮团粒径的变化。图 6-31 给出了下部区域内泥沙絮团平均粒径 d_{avg} 的变化情况(h 为 0.2 m、0.5 m 和 0.7 m 时的平均值)。由图 6-31 可知:d_{avg} 随时间可分为加速增长段、匀速增长段和减速增长段。由于加速增长段时间较短,不同紊动强度下相差不大;匀速增长段速率随紊动强度先增后减,作用时间逐渐变短,相应减速增长段持续时间变长,稳定期的 d_{avg} 则呈先增后减的规律($Re = 1.0 \times 10^5$ 时达到最大值)。主要原因是:当紊动强度较小时,其强度的增加促进泥沙絮凝,使匀速增长段的速率增大、作用时间变长,虽然絮团总数较少,但絮团尺寸较大,因而稳定期的 d_{avg} 呈增加趋势;当紊动强度较高时,强紊动水流剪切

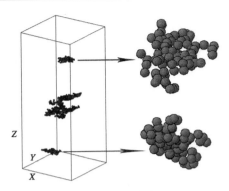

图 6-30　不同区域内形成的絮团结构变化（$t = 440$ s；$Re = 1.0 \times 10^5$）

力会破坏较多尺寸絮团,絮团破碎速率会迅速超过生成速率,使泥沙絮团 d_{avg} 匀速增长段速率较小,且作用时间较短,同时,在强水流剪切力的作用下形成的絮团尺寸较小,最终使稳定期的 d_{avg} 较小。

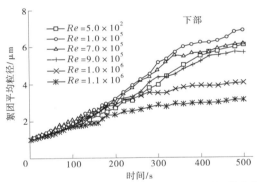

图 6-31　不同紊动强度下絮团平均粒径随时间的变化曲线

　　图 6-32 是 3 个区域内泥沙絮团平均粒径 d_{avg} 的对比图（$Re = 1.1 \times 10^5$）。从图 6-32 中可以看出:初期（0~200 s）,中、上部区域内泥沙絮团 d_{avg} 相差较小,且均大于下部;后期,上部区域内絮团平均粒径最大,下部区域的次之,中部区域的最小。主要原因是:初始一段时间内,形成的絮团尺寸较小,水流紊动剪切力对絮团的破坏作用较小,此时主要以紊流作用下的颗粒碰撞黏结为主,但由于流速在垂向上分布不均,下部区域流速较小,中上部区域流速较接近(见图 6-33),因而下部区域泥沙絮凝速率相对较慢,d_{avg} 增幅较小;而随着絮团尺寸的逐渐增大,紊流对絮团的破坏作用也增强,此阶段的 d_{avg} 主要受紊流强度的影响。如前所述,中部区域紊动强度相对最强,相应水流剪切力最大,所能形成的絮团尺寸相对较小,从而造成中部区域的 d_{avg} 最小。

6.4.1.6　不同含沙量下絮团生长过程

　　不同水体中泥沙含量是不一样的,相应泥沙絮凝过程也存在一定的区别,因此笔者研究了含沙量对黏性细颗粒泥沙絮凝发育过程的影响规律。为了能单因素分析含沙量的影响规律,笔者在静水环境下进行模拟。

　　1. 絮凝速率的变化

　　图 6-34 为不同含沙量下（1.7~6.9 kg/m³）颗粒浓度 C 随时间的变化情况。由

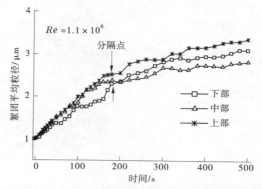

图 6-32　不同区域内絮团平均粒径随时间的变化曲线

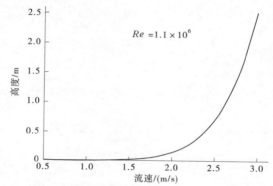

图 6-33　水流纵向(X方向)流速沿垂向(Z方向)变化曲线

图 6-34 可知:不同含沙量下,颗粒浓度 C 随时间的变化相似,但含沙量越高,C 衰减越快。主要原因是:含沙量较大时,泥沙初始颗粒之间距离相对较小,颗粒之间更易碰撞在一起,在短时间内能形成很多不同级别的絮团,进一步促进差速絮凝,从而使颗粒浓度 C 急剧下降。分析图 6-34 中曲线的变化趋势发现,颗粒浓度 C 随时间的变化满足二级动力学模式,即

$$\mathrm{d}C/\mathrm{d}t = -kC^2 \tag{6-42}$$

式(6-42)两边积分可得:

$$1/C = k't + 1/C_0 \tag{6-43}$$

式中:C_0 为初始时刻泥沙颗粒浓度;C 为 t 时刻的颗粒浓度;k' 为衰减系数,可通过线性拟合 $1/C$ 和 t 求得,进而可求得颗粒浓度的半衰期 $t_{50} = 1/(k'C_0)$。表 6-6 是不同含沙量下衰减系数 k' 及半衰期 t_{50} 的计算结果,从表 6-6 中可以看出,半衰期随含沙量的增加急剧减小,也就是说,含沙量越大,絮凝作用越强烈,颗粒浓度衰减越快。用颗粒浓度衰减平均速率来表示黏性细颗粒泥沙絮凝速率 w_{50},由 $w_{50} = C_0/(2t_{50})$ 可得,含沙量从 1.7 $\mathrm{kg/m^3}$ 增加至 7.8 $\mathrm{kg/m^3}$ 时,w_{50} 由 0.000 9 增至 0.005 4,且 w_{50} 与含沙量之间满足:

$$w_{50} = a_3 S^{b_3} \tag{6-44}$$

式中:S 为初始含沙量;a_3,b_3 为参数,通过最小二乘法计算得到 $a_3 = 3.75 \times 10^{-4}$, $b_3 = 1.31$。

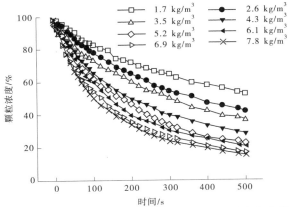

图 6-34　不同含沙量下颗粒浓度 C 随时间的变化曲线

表 6-6　不同含沙量下衰减系数 k' 及半衰期 t_{50} 计算

含沙量/(kg/m³)	k'	R^2	t_{50}/s
1.7	0.001 8	0.997	556
2.6	0.002 7	0.998 9	370
3.5	0.003 3	0.996 8	303
4.3	0.005	0.999 5	200
5.2	0.006 9	0.993 8	145
6.1	0.007 6	0.998 6	132
6.9	0.009 7	0.997 5	103

2. 絮团分形维数的变化

以初始含沙量 4.3 kg/m³、5.2 kg/m³、6.1 kg/m³、6.9 kg/m³ 和 7.8 kg/m³ 研究了含沙量对泥沙絮团分形维数的影响规律。模型中考虑了颗粒(絮团)的重力沉降,泥沙絮团在垂向上分布不匀,于是将模拟空间划分为上部区域(高度为 70~100 μm)、中部区域(高度为 30~70 μm)和下部区域(高度为 0~30 μm),并分别计算絮团分形维数,计算结果见表 6-7。根据表 6-7 中数据变化可知:无论含沙量是多少,下部区域的泥沙絮团分形维数总大于中、上部的,且中、上部区域的絮团分形维数相差不大。主要原因是:随着泥沙絮团的生长,絮团在重力作用下的沉降越来越明显,其在沉降过程中卷扫网捕周围泥沙单颗粒(小絮团),直到沉降至模拟区域底部,这就造成上部和中部区域的絮团尺寸较小,只包含几个到十几个泥沙单颗粒,絮团受重力的影响较小,与仅考虑布朗运动碰撞机制下形成的絮团相似,分形维数也相差较小,特别是低含沙量;而下部区域的絮团在沉降过程中卷扫捕捉的颗粒(絮团)填充了絮团部分孔隙,从而使絮团分形维数变大,上、中、下 3 个区域内的絮团结构形态如图 6-35 所示。从表 6-7 中还可发现:中、下部区域的絮团分形维数随含沙量的增加呈增大趋势。主要原因是:含沙量的增加造成单位体积内颗粒(絮团)数量增多,絮凝更剧烈,絮团之间的差速絮凝效果更明显,絮团在沉降过程中能卷扫更多的颗粒(絮团),从而使絮团分形维数增大。

表6-7　不同区域内的絮团分形维数计算

含沙量/(kg/m³)		4.3	5.2	6.1	6.9	7.8
分形维数	上部	1.873 1	1.872 4	2.081 1	2.092 1	2.074 8
	中部	1.898 7	1.917 7	2.032 3	2.082 6	2.096 3
	下部	1.933 9	2.126 8	2.146 8	2.153 8	2.167 7

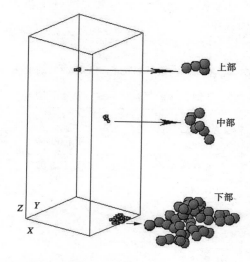

图6-35　不同区域内的絮团结构变化($t=500$ s;含沙量为 6.1 kg/m³)

3. 絮团粒径的变化

图6-36 是不同含沙量下絮团质量平均尺寸 S_m 随时间的变化情况。由于是在静水环境下进行的模拟,整个絮凝过程中,S_m 始终是增加的,但不同含沙量下其变化不尽相同。0~100 s 内,泥沙絮凝形成的絮团尺寸较小,重力作用不明显,不同含沙量下 S_m 相差不大,随着时间的延长,S_m 之间的差异变大,主要表现在:含沙量较高的 S_m 开始急剧增加,并且含沙量越高,出现急剧增加的时间越早,且增幅较大,如含沙量为 7.8 kg/m³ 和 6.9 kg/m³ 时,出现急剧增加的时间为 180 s;含沙量为 6.1 kg/m³ 和 5.2 kg/m³ 时,出现急剧增加的时间为 260 s;含沙量为 4.3 kg/m³ 时,出现急剧增加的时间为 360 s。如前所述,含沙量的增加促进黏性细颗粒泥沙的絮凝,也就意味着形成的絮团尺寸较大,且数量较多,因此絮团质量平均尺寸 S_m 增长较快。根据 S_m 随时间的变化发现,S_m 与时间 t 之间满足:

$$S_m = a_4 e^{b_4 t} \tag{6-45}$$

式中:a_4,b_4 是系数,与含沙量、初始颗粒大小等因素有关。利用最小二乘法对不同含沙量下的 S_m 与 t 进行拟合,计算结果见表6-8。由表6-8可知,相关系数 R^2 均在 0.99 以上,即 S_m 与 t 之间的指数关系是成立的,而且,b_4 与初始含沙量之间成正比关系,即

$$b_4 \propto S \tag{6-46}$$

式中:S 为初始含沙量;a_4 则在 0.97～1.02 变化,与含沙量无明显关系,可能与颗粒的组合方式等因素有关。

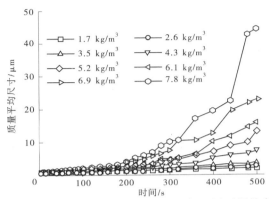

图 6-36　不同含沙量下絮团质量平均尺寸 S_m 随时间的变化曲线

表 6-8　不同含沙量下 S_m 与 t 拟合结果

含沙量/(kg/m³)	a_4	b_4	R^2
1.7	0.991 3	0.001 6	0.995 4
2.6	0.975 7	0.002 3	0.997 1
3.5	1.019 3	0.002 7	0.993 9
4.3	0.999 2	0.004	0.991
5.2	0.983	0.005	0.997 2
6.1	0.990 2	0.005 5	0.994 9
6.9	1.003 5	0.006 5	0.994 8
7.8	0.983 9	0.007 6	0.996

6.4.1.7　不同泥沙初始粒径分布下絮团生长过程

前面利用均匀沙完整地重现了黏性泥沙絮团生长发育过程,一定程度上弥补了目前黏性泥沙絮凝特性研究的不足。然而,自然状态下大多为非均匀沙,虽然均匀沙絮凝模拟过程中已包含非均匀沙的絮凝(体现在单颗粒与絮团或小絮团与大絮团之间),但并未对此展开深入分析,因此在远离床面及水面的中间部位(case 1)和接近床面处(case 2)分别取长 100 μm、宽 100 μm、高 1 000 μm 的长方体区域进行模拟试验。进一步探讨了泥沙初始粒径分布对黏性泥沙絮团生长过程的影响。

1. 絮凝速率的变化

图 6-37 形象地给出了不同时刻整个模拟空间内黏性泥沙絮团生长发育状况($\sigma = 1$,case 2),从图 6-37 中可以看出,随着模拟时间的延长,泥沙单颗粒(絮团)逐渐碰撞黏结形

成絮团,并慢慢沉降至模拟空间底部,存在于上、中部区域的主要是沉速较小的泥沙单颗粒或小絮团。图 6-38 为不同标准差 σ 下颗粒数浓度 C 的变化曲线(case 1),由曲线变化情况可知:非均匀黏性泥沙的絮凝发育过程与均匀沙的($\sigma = 0$)相似,也可分为加速絮凝段、匀速絮凝段、减速絮凝段及稳定段,从图 6-38 中还可发现,总颗粒浓度 C 的衰减也主要集中在匀速段,因此以图 6-38 中直线段斜率的绝对值作为匀速絮凝段速率来分析泥沙初始粒径分布对黏性泥沙絮凝速率的影响规律。表 6-9 为采用最小二乘法线性拟合直线段的计算结果。由表 6-9 可知:随标准差 σ 的增加,絮凝速率呈先减后增的规律,且减幅(42%)远小于增幅(172.7%)。主要原因是:σ 从 0 增加到 1.0 过程中,虽然泥沙初始粒径范围变宽,但对黏性泥沙差速絮凝的促进作用有限,而且由于部分泥沙颗粒变小,使得原本在水流作用下能发生碰撞也不再碰撞,造成泥沙颗粒碰撞频率变小,絮凝速率变慢;而 σ 继续增加后,初始泥沙颗粒之间的差距增大,颗粒间的差速絮凝变明显,同时,泥沙初始粒径分布的变宽一定程度上增加了泥沙体积浓度,缩短了初始泥沙颗粒之间的平均距离,使颗粒更易碰撞在一起,从而加快黏性泥沙的絮凝。

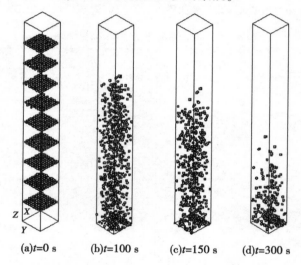

图 6-37　不同时刻整个模拟区域内黏性泥沙絮凝发育图($\sigma = 1$;case 2)

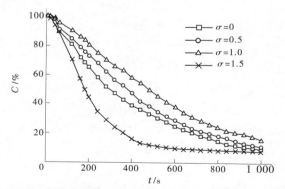

图 6-38　不同泥沙初始粒径分布下颗粒浓度随时间的变化曲线(case 1)

表 6-9　不同泥沙初始粒径分布下絮凝速率计算

σ	0	0.5	1	1.5
t/s	40~280	80~600	80~640	20~240
拟合方程	$C=-0.19t+104.56$	$C=-0.12t+97.96$	$C=-0.11t+102.99$	$C=-0.30t+106.36$
R^2	0.9949	0.9906	0.9969	0.9971
絮凝速率	0.19	0.12	0.11	0.30

考虑到不同位置絮凝速率可能不同,进一步研究了不同位置处颗粒浓度 C 的变化,如图 6-39(case 1 和 case 2;$d_{mean}=5$ μm;$\sigma=1.0$)。从图 6-39 中可以看出:近床底位置(case 2)的颗粒浓度 C 衰减速率远大于中间位置的(case 1),即近床底处泥沙的絮凝速率(0.32)大于中间位置的絮凝速率(0.11)。主要原因是:近床底处(case 2),模拟时采用的是与实际床底相似的封闭性边界,泥沙单颗粒或絮团沉降到模拟区域底部时,会与沉积在底部的絮团发生碰撞黏结,使颗粒浓度 C 迅速下降,故而絮凝速率较快。

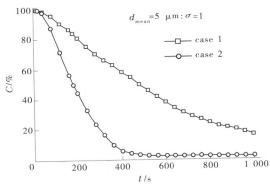

图 6-39　不同位置处颗粒浓度随时间的变化曲线

2. 絮团形态的变化

表 6-10 为不同 case 和标准差 σ 下泥沙絮团的分形维数 D_F、S_X、S_Y 和 S_Z 的计算结果($S_X=R_{yz}/R_x$,$S_Y=R_{xz}/R_y$,$S_Z=R_{xy}/R_z$)。对于远离床面和水面的中间位置(case 1),泥沙絮团分形维数随标准差 σ 增加遵循先增后减的规律($D_{F\max}=2.13$),絮团 X 方向发育变好,但变化不大,絮团 Y 方向的发育随 σ 的增加先萎缩后变好。主要原因是:σ 从 0 增加到 0.5 时,如前所述,泥沙絮凝速度变化不大,对絮团结构的影响也较小,但泥沙小颗粒的出现使相同尺寸的絮团内含的初始颗粒数变多,絮团变密实,相应分形维数增加;σ 继续增加后,泥沙小颗粒粒径进一步减少,虽然这些泥沙小颗粒能填充大絮团的孔隙,但在水流作用下大部分会黏结在大絮团水平方向上,这从絮团具有较大 S_X 和 S_Y 可以看出,进而使絮团结构变疏松,絮团分形维数变小。近床底处(case 2),絮团分形维数和各方向的发育情况随 σ 的增加变化较小,主要原因是:近河底处采用封闭性边界条件,泥沙絮团会在底部发生沉积,絮团形态主要与下部絮团之间的相关组合有关,泥沙初始粒径分布对絮团形态的影响作用相对较弱,因此絮团结构形态随 σ 的变化较小。与 case 1 情况相比,相

同 σ 下,絮团分形维数较小,絮团 Y 方向发育更好,这主要是底部絮团相互结合形成结构较开放的新絮团所致。

表 6-10　不同 case 和 σ 下絮团结构参数及絮团形态

case	标准差 σ	D_F	S_X	S_Y	S_Z	絮团形态
Case 1	0	2.04	0.555 4	1.287 1	1.535 7	
	0.5	2.13	0.710 9	0.915 8	1.637 4	
	0.7	2.09	0.722 7	1.033 1	1.387 1	
	1.0	1.93	0.780 7	1.180 3	1.102 5	
	1.5	1.90	0.767 7	2.282 5	0.674	
Case 2	0	1.90	0.771 3	2.304 1	0.667 2	
	1	1.87	0.732 2	2.594 1	0.655 7	

3. 絮团粒径分布的变化

图 6-40 是不同 case 及标准差 σ 下稳定期絮团粒径分布曲线。对于远离床面和水面的中间位置(case 1),絮团粒径分布随 σ 的增加先变宽后变窄,大絮团数量则先减后增,絮团最大粒径则呈先增大后减小的规律,如 σ 从 0 增加到 1.5 时,粒径大于 30 μm 的絮团先从 15.15% 减至 4.17%,而后增至 50%;絮团最大粒径则从 72.13 μm 先增至 80.95 μm,后降至 63.72 μm。主要原因是:标准差 σ 从 0 增加到 1 时,初始泥沙中大颗粒含量增加,碰撞过程中容易形成较大尺寸的絮团,相对小絮团而言,较大絮团沉降过程中的卷扫能力强,易形成极大絮团,从而使絮团粒径分布变宽;而 σ 继续增至 1.5 后,泥沙小颗粒的存在使各级絮团都易发生差速絮凝,各级絮团均能生长发育,絮团粒径分布变得均匀。近河底处(case 2),随 σ 的增加,絮团粒径分布更均匀,大絮团所占比例增加。与 case 1 相比,相同 σ 下,絮团粒径分布更均匀,大絮团所占比例更大。主要原因是:近河底处,絮团沉降至底部后会相互结合形成较大絮团,从而使絮团分布较均匀,且大絮团所占比例较大。

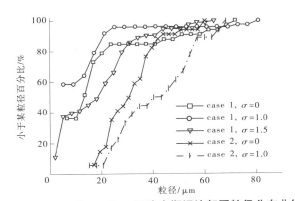

图 6-40　不同 case 和 σ 下稳定期泥沙絮团粒径分布曲线

6.4.1.8　表面粗糙带电颗粒絮团生长过程

1. 絮凝速率的变化

图 6-41 为方案 1 和方案 2 下颗粒数浓度[(单颗粒数+絮团数)/初始颗粒数]的变化曲线($\sigma=1$),由曲线变化情况可知:在两种情况下,模拟区域内颗粒浓度的变化过程相似,可分为加速衰减段、匀速衰减段、减速衰减段及稳定段,且颗粒浓度的变化主要在等速衰减段。通过对比两条曲线可以发现,考虑泥沙颗粒表面形态和非均匀电荷分布后,颗粒浓度衰减速率变快,如在相同的模拟时间内(0~400 s),考虑泥沙颗粒表面形态和非均匀电荷分布前后颗粒浓度减小 49% 左右,但当模拟时间增加到 1 000 s 时,颗粒浓度减小 25% 左右,颗粒浓度的这种变化现象表明粗糙带电黏性泥沙的絮凝速率较大,但随着模拟时间的增加,这种趋势变弱,主要原因是:相对表面光滑均匀带电的黏性颗粒而言,表面粗糙带电的黏性泥沙颗粒互相靠近时,由于颗粒表面粗糙,本来不会碰撞的两颗粒在粗糙颗粒表面凸起的影响下可能发生碰撞,而且碰撞后的粗糙颗粒表面上不仅存在正电荷还存在负电荷,一定程度上降低了静电斥力,从而使本不会黏结的颗粒发生黏结,从而导致初期絮凝速率变快,但随着时间的增加,絮团尺寸逐渐增大,絮团破碎逐渐占据主导地位,两种状况下的絮凝速率差距越来越小。

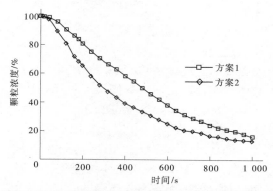

图 6-41　泥沙颗粒表面粗糙带电前后颗粒浓度随时间的变化曲线($\sigma=1$)

2. 絮团形态的变化

图 6-42 为两种情况下泥沙絮团分形维数的变化曲线($\sigma=1.5$)。从图 6-42 中可以看出,两种情况下絮团分形维数随时间的变化过程相似,即絮凝初期,泥沙单颗粒与絮团的每次碰撞和黏结都会对絮团形态产生较大影响,使絮团分形维数变化较大,随着时间的延长,碰撞对絮团形态的影响作用变弱,此时水流剪切力下的絮团破碎占主要地位,絮团分形维数逐渐趋于稳定值,两种情况下的不同点主要是考虑颗粒表面粗糙且电荷不均匀分布后,絮团分形维数在破碎影响下从低到高的增加时间提前,且稳定时刻的絮团分析维数增加 15.8%左右。

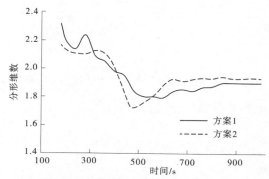

图 6-42　泥沙絮团分形维数随时间的变化曲线($\sigma=1.5$)

表 6-11 为两种情况下稳定期泥沙絮团 S_X、S_Y、S_Z 和 D_F 的计算结果($S_X=R_{yz}/R_x$,$S_Y=R_{xz}/R_y$,$S_Z=R_{xy}/R_z$)。从表 6-11 中可以看出,絮团分形维数的变化与前述相同,对于絮团各方向的发育情况而言,考虑颗粒表面粗糙且电荷不均匀分布后,絮团在各个方向上的发育变得平均一些,这也是絮团分形维数较大的原因之一。

表 6-11　不同方案下絮团结构参数计算

工况	S_X	S_Y	S_Z	D_F
方案 1	0.76	2.28	0.67	1.90
方案 2	0.81	1.35	0.83	1.93

3. 絮团粒径分布的变化

图 6-43 为泥沙颗粒表面粗糙带电前后稳定期泥沙絮团粒径分布曲线。根据图 6-43 中曲线变化可知,初始泥沙颗粒表面光滑电荷均匀分布时,泥沙颗粒絮凝形成的絮团小于 30 μm 的占 82% 左右,最大粒径为 64 μm;而考虑颗粒表面粗糙且电荷不均匀分布后,泥沙颗粒絮凝形成的絮团小于 30 μm 的占 96% 左右,最大粒径为 61 μm,由此可见,考虑颗粒表面粗糙且电荷不均匀分布后,絮团粒径分布范围变窄,且小尺寸絮团粒径所占比例较大。主要原因是:考虑颗粒表面粗糙且电荷不均匀分布后,絮凝形成的絮团颗粒之间可以点-点、点-面等较多种方式黏结,且由于静电斥力的减小,黏结颗粒之间的综合位能极大可能出线在第二极小值附近,从而使生成的泥沙续团颗粒强度较弱,易在水流剪切力的作用下发生破碎,从而造成上述现象的出现。

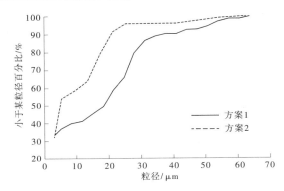

图 6-43　泥沙颗粒表面粗糙带电前后稳定期泥沙絮团粒径分布曲线($\sigma = 1$)

6.4.2　实际应用

由于黏性泥沙具有较强的吸附能力,我国大、中、小城市湖泊底泥中有机物含量一般较高,而有机物比重较小且吸附在泥沙颗粒表面后会改变泥沙表面电性,影响黏性泥沙的内部结合水含量及絮凝沉降,对湖泊底泥疏浚后的重力浓缩、脱水和固结等产生较大影响。有机物一般是通过改变碰撞颗粒的黏结概率影响黏性泥沙絮凝沉降特性,有机物含量较高时,黏结概率较小。因此,考虑可通过降低有机物含量,以增大黏结概率来减少有机物对黏性泥沙絮凝沉降的负面影响。基于上述结论,笔者以初始含沙量为 4.3 kg/m³, 在静水和封闭性边界条件下,模拟了碰撞黏结效率分别为 1、0.1、0.01 和 0.001 下黏性泥沙絮凝发育过程。模拟结果表明:当碰撞黏结效率从 0.001 增至 1 时,相同时间内($t = 500$ s),颗粒浓度 C 衰减幅度增加约 64%。即碰撞黏结效率增加后,泥沙沉降变快。因此,通过降低湖泊底泥中有机物含量以减少有机物对其絮凝沉降的影响是可行的。据此,考虑到酒精是一种有机溶剂,能溶解多种有机物,且通过蒸馏可循环利用,故提出采用酒精溶液处理有机物含量较高的城市湖泊底泥,以降低有机物含量,增大碰撞泥沙颗粒之间的黏结概率,提升其沉降及固化性能。为了检验这种新方法的实际效果,笔者利用武汉南湖底泥进行了试验研究。

6.4.2.1　试验材料和方法

1.泥样制取

采用自制的取样器从武汉南湖表层底泥下 10 cm 左右的地方取泥样。由于南湖底泥中有机质含量分布不均匀,试验前将其充分混合均匀以使其具有相同的有机质含量,然后将部分泥样置于阴凉通风处晾干,去除其中的杂草、贝壳等杂物,研磨后将其装袋备用;另一部分置于 4 ℃ 的环境中保存以防止其变质。

2.酒精处理试验

试验所用酒精初始浓度为 95%,根据试验需要,按照体积比配置成不同浓度。试验时,首先取一定量通过 100 目筛的泥样,待确定初始有机质含量后用四分法取 1 g 泥样放入三角瓶中,向其中加入酒精溶液,静置一段时间后采用重铬酸钾氧化外加热法测定其有机质含量,测定试验重复做 3 次,试验结果取 3 次的平均值。通过单因素影响试验确定酒精浓度、作用时间和液固比是酒精处理中的主要影响因素。进一步采用响应面法优化试验条件,响应面法于 1951 年由 Box 和 Wilson 提出,它是数学方法和统计方法相结合的产物,主要用来对受到多个因素影响的响应建模,通过分析最终可得到最优的响应值及条件。本试验选取酒精浓度、作用时间和液固比 3 个因素做三因子(C_a、T_1、F')、三水平(-1、0、1)的 Box-Benhnken 试验,因子水平如表 6-12 所示,选用有机物去除率做响应。试验共设计 15 次,中心点重复试验 3 次。

表 6-12　酒精处理试验因子水平

水平	酒精浓度/%	时间/min	液固比/(mL/g)
-1	30	35	40
0	40	45	50
1	50	55	60

3.沉降试验

将酒精处理前后的泥样分别放在 2 个 1 000 mL 的量筒中进行沉降试验,首先向量筒中分别加入 10 g 处理前后的泥样,充分搅拌后,在不同时间点上自距两筒上边缘 20 cm 处取出 20 mL 悬液,然后放入鼓风干燥箱中至恒重,计算得到泥沙浓度来反映淤泥沉降性能。

4.无侧限抗压试验

将酒精处理前后的泥样,按照设计好的比例与水泥在搅拌机内混合均匀,填充到模具中,其中水泥的掺量为 40 kg/m³、50 kg/m³、60 kg/m³、80 kg/m³、100 kg/m³ 和 125 kg/m³。为方便养护后脱模,填料前在模具内涂抹一层机油,且泥样分层装入模具,每层振动一定时间后再装入下一层。模具装好后,在室内养护 24 h 后脱模,然后将试样置于养护室中养护至设计龄期(7 d、14 d 和 28 d)后进行无侧限抗压试验,所有试验平行做 3 次,试验结果取平均值。

6.4.2.2　试验结果分析

1.酒精处理试验

表 6-13 为酒精试验具体方案和试验结果,对试验结果进行二次回归分析

（见表6-14），可得到回归模型：

$$R_1 = -248.791 + 5.226T_1 + 6.242C_a + 1.762F' - 0.017T_1C_a -$$
$$0.048T_1^2 - 0.066C_a^2 - 0.016F'^2 \tag{6-47}$$

其相关系数为 0.992 3。应用方差分析（ANOVA）对回归模型中线性项（T_1、C_a 和 F'）、交叉项（T_1C_a）以及平方项（T_1^2、C_a^2 和 F'^2）进行显著性分析，计算结果见表6-13。由表6-13可知：预测模型、线性项、交叉项以及平方项的 P 值分别为 0.000 1、0.004 8、0.007 3 和 0.013，均小于标准值 0.05，说明此二阶回归方程是显著的。此外，较大的 R^2 和 Adj-R^2 也意味着回归模型的拟合程度较好，同时，Pred-R^2 与 Adj-R^2 的值很接近，这些均表明该预测模型能较好地描述有机物去除率 R_1 关于设计变量 T_1、C_a、和 F' 的响应，且具有较高的精度。从表6-13 中还可看出：酒精作用时间（T_1）和酒精浓度（C_a）的 P 值分别为 0.000 1 和 0.000 6，远小于液固比（F'）的 P 值（0.004 1），说明酒精作用时间和浓度的显著性更高，即这两者对淤泥有机物去除的影响大于液固比的。

表 6-13　酒精处理试验设计方案和计算结果统计

组次	T_1/min	C_a/%	F'/(mL/g)	R_1/%
1	−1(35)	−1(30)	0(50)	32.50(±0.78)
2	+1(55)	+1(50)	0(50)	42.20(±1.37)
3	0(45)	−1(30)	+1(60)	41.50(±1.21)
4	−1(35)	0(40)	+1(60)	43.80(±1.55)
5	0(45)	0(40)	0(50)	50.10(±2.35)
6	0(45)	+1(50)	−1(40)	43.40(±1.49)
7	0(45)	0(40)	0(50)	50.00(±2.55)
8	0(45)	−1(30)	−1(40)	38.70(±1.47)
9	0(45)	0(40)	0(50)	51.20(±2.81)
10	+1(55)	0(40)	+1(60)	47.30(±1.71)
11	0(45)	+1(50)	+1(60)	45.10(±1.70)
12	−1(35)	0(40)	−1(40)	40.50(±1.18)
13	−1(35)	+1(50)	0(50)	39.10(±1.15)
14	+1(55)	−1(30)	0(50)	42.30(±1.41)
15	+1(55)	0(40)	−1(40)	44.50(±1.50)

通过式（6-47）计算得到有机物去除率 R_1 的最大值为 51.12%，此时 T_1、C_a、F' 的值分别为 47.47、41.09、54.06，即最佳处理条件为：作用时间为 47.47 min、酒精浓度为 41.09、液固比为 54.06∶1，图6-44 和图6-45 反映了 T_1、C_a 对响应值 R_1 的影响作用。考虑到实际应用，作用时间取 47 min，酒精浓度取 46%，液固比取 54∶1，经过验证试验发现试验值与理论预测值相差不大。

表 6-14　回归分析计算结果

项目	自由度	平方和	均方	F 值	P 值
回归	7	337.10	48.16	59.96	0.000 1
T_1	1	52.02	52.02	64.78	0.000 1
C_a	1	27.38	27.38	34.09	0.000 6
F'	1	14.05	14.05	17.49	0.004 1
$T_1 C_a$	1	11.22	11.22	13.97	0.007 3
T^2	1	84.33	84.33	105.01	<0.000 1
C_a^2	1	162.26	162.26	202.05	<0.000 1
F'^2	1	9.80	9.80	12.20	0.010 1
残差	7	5.62	0.80		
矢拟误差	5	4.73	0.95	2.14	0.348 9
纯误差	2	0.89	0.44		
总和	14	342.72			

标准误差	0.90	测定系数	0.983 6
平均离差	43.48	校正的测定系数	0.967 2
变异系数/%	2.06	预测的测定系数	0.868 0
压力	45.23	信噪比	26.714

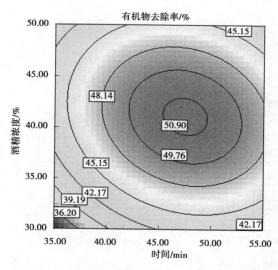

图 6-44　$F' = 54.06$ 时 R_1 关于 T_1 和 C_a 的等值线

2. 沉降试验

图 6-46 为酒精处理前后液面下 20 cm 处泥沙浓度随时间的变化曲线。从图 6-46 中

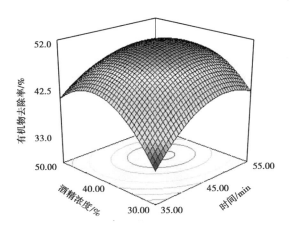

图 6-45　$F' = 54.06$ 时 R_1 关于 T_1 和 C_a 的三维曲线

可以看出,0~15 min,酒精处理前后泥沙浓度相差不大,随时间的增加,两者之间的差异逐渐变大;60 min 后,原样的泥沙浓度降至(3.01±0.17) g/L,酒精处理后的泥沙浓度降至(2.57±0.16) g/L。主要原因是:初期,泥沙絮凝形成的絮团尺寸较小,沉降较慢,此阶段主要以悬液中粗颗粒泥沙的沉降为主,有机质含量的降低对泥沙沉降的促进作用有限,因此处理前后泥沙浓度相差不大,而随着时间的延续,絮团尺寸逐渐增大,有机质含量降低对泥沙沉降的促进作用增强,从而使泥沙沉降性能增强。

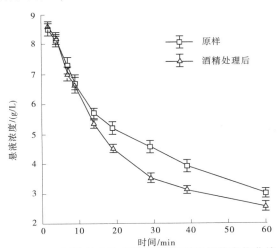

图 6-46　酒精处理前后泥沙浓度随时间的变化曲线

根据静水絮凝沉降二级动力学模型计算了泥沙的中值沉速,计算过程如下:

$$\mathrm{d}C_b/\mathrm{d}t = -kC_b^2 \qquad\qquad (6\text{-}48)$$

式(6-47)两边对 t 积分可得:

$$1/C_b = k_1 t + 1/C_{b0} \qquad\qquad (6\text{-}49)$$

进而可得:

$$t_{0.5} = 1/(k_4 C_{b0}) \qquad\qquad (6\text{-}50)$$

由式(6-50)可得泥沙中值沉速

$$\omega_{50} = s_a/t_{0.5} = k_4 s_a C_{b0} \tag{6-51}$$

式中：C_b 为悬液浓度；t 为时间；k_4 为衰减系数，可由 $1/C_b$ 与 t 线性拟合求得，如图 6-47 所示；$t_{0.5}$ 为半衰期；ω_{50} 为泥沙中值沉速。经计算，酒精处理前后的中值沉速分别为 7.4 mm/min 和 10.0 mm/min。进一步采用配对样本 t 试验检验了酒精处理后沉降性能的统计学差异。分析前对试验数据进行了正态性检验。表 6-15 给出了配对样本 t 试验的计算结果。从表 6-15 中可知，P 值(0.02)小于 0.05，即酒精处理后泥样沉降性能的改变统计学意义上是显著的。

以上结果均表明：酒精处理能提高城市河湖底泥沉降性能。

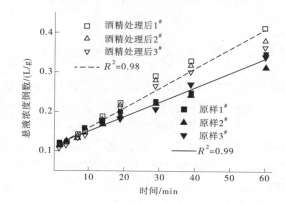

图 6-47　沉降试验中 $1/C_b$ 和 t 的关系曲线

表 6-15　沉降试验配对样本 t 试验的计算结果

平均数	标准偏差	标准误差	95%置信区间		t	自由度	P 值
			下限	上限			
0.38	0.40	0.13	0.076	0.69	2.88	8	0.020 6

3. 无侧限抗压试验

图 6-48 是不同水泥掺量下酒精处理前后泥样无侧限抗压强度变化情况。从图 6-48 中可以看出：酒精处理后，泥样无侧限抗压强度有较大幅度的提升，如水泥掺量为 125 kg/m³、龄期为 7 d 时，酒精处理后，其抗压强度从（125.40 ± 5.77）kPa 增至（193.48±10.80）kPa。采用多因素方差分析进一步研究了酒精处理对固化性能的影响效果。选用养护龄期(CP)、水泥掺量(CC)和酒精处理(ET)为 3 个因素，无侧限抗压强度为变量，表 6-16 为无侧限抗压试验多因素方差分析计算结果。由表可知：CP、CC、ET 的 P 值均远小于 0.05，即龄期、水泥产量和酒精处理三者均对城市河湖底泥的固化性能有显著影响，且水泥掺量和酒精处理的影响大于养护龄期的影响，这从 ET 和 CC 的 F 值远大于 CP 的可知。

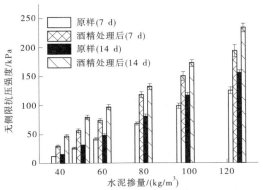

图 6-48　不同水泥掺量下酒精处理前后泥样无侧限抗压强度对比

表 6-16　无侧限抗压试验多因素方差分析计算结果

项目	平方和	自由度	均方差	F 值	P 值
模型	752 746.34	35	21 507.04	882.66	<0.000 1
截距	1 296 861.77	1	1 296 861.77	53 223.93	<0.000 1
CP	73 780.81	2	36 890.41	1 514.00	<0.000 1
CC	471 758.80	5	94 351.76	3 872.25	<0.000 1
ET	109 641.73	1	109 641.73	4 499.76	<0.000 1
CP×CC	46 554.63	10	4 655.46	191.06	<0.000 1
CP×ET	15 373.49	2	7 686.74	315.47	<0.0001
CC×ET	23 010.68	5	4 602.14	188.87	<0.000 1
CC×ET×CP	12 626.20	10	1 262.62	51.82	<0.000 1
误差	1 754.36	72	24.37		
总和	2 051 362.47	108			
总离差	754 500.70	107			

$R^2 = 0.998\ 2$(校正的测定系数 $R^2 = 0.997\ 1$)

6.5　小　结

（1）基于胶体絮凝理论、分形理论及泥沙运动等理论，建立了微米级的黏性泥沙絮团生长微观数学模型，初始颗粒生成模块、运动模块、黏结模块、絮团破碎模块四大模块组成，四大模块可单独或联合调用，并通过文献数据对新建模型进行了可行性验证。

（2）利用 RCFG 模型探讨了不同碰撞驱动力、含沙量、泥沙粒径分布、颗粒形态和电荷下絮凝速率、絮团形态、粒径分布等的变化规律。研究结果表明：①与仅考虑布朗运动相比，重力作用下黏性泥沙絮凝速率小幅度提高，稳定期的絮团分形维数（2.04，2.12）大于仅考虑布朗运动的(1.85),絮团粒径分布范围变宽,异质性变强。②低强度水流促进泥沙絮团的生长发育,高强度水流则不仅促进泥沙颗粒的碰撞,其产生的水流剪切力也会使大絮团破碎,最终使絮团生成速率等于絮团破碎速率时进入稳定平衡期,且水流强度越大,进入稳定平衡期的时间越早,絮团粒径越小,分布曲线越窄;絮团分形维数则表现出下部区域最大、上部区域次之、中部区域最小的规律。③随含沙量的增加,泥沙絮凝速率越快,絮团分形维数越大,且絮团平均尺寸与时间之间满足指数关系。④泥沙初始粒径分布则主要通过改变差速絮凝程度影响絮凝过程,初始粒径分布越宽,泥沙絮凝速率越快,絮团分形维数越大,絮团粒径分布越均匀。⑤考虑泥沙颗粒表面形态和非均匀电荷分布后,颗粒浓度衰减速率变快,但随着模拟时间的增加,这种趋势变弱,絮团分形维数在破碎影响下从低到高的增加时间提前,且稳定时刻的絮团分析维数增加15.8%左右,絮团粒径分布范围变窄,且小尺寸絮团粒径所占比例较大。

(3)根据RCFG模型模拟及理论分析结果,提出采用酒精处理城市湖泊底泥以提高其沉降和固化性能,并以南湖底泥为例研究了酒精处理对淤泥沉降及固化的影响,通过响应面法得到最佳处理条件:作用时间47 min、酒精浓度46%,液固比54:1。

第 7 章　黏性泥沙絮凝沉降动力学模型及应用

第 6 章从微观层面建立了黏性泥沙絮团生长模型,然而由于模型计算时间与模拟空间的大小呈几何倍数增长,模型只能在较小的空间内进行模拟,工程应用存在一定的局限性。因此,本章力图建立一套黏性泥沙絮凝沉降动力学模型,期望能为涉及黏性泥沙的相关工程研究提供支撑。

7.1　模型描述

与粗颗粒泥沙不同,黏性泥沙在运动过程中会发生絮凝现象,絮凝不仅会改变泥沙粒径分布,而且会影响泥沙沉降性能,因此要准确描述水中黏性泥沙絮凝沉降过程,需同时包括絮凝项、沉降项,即:

$$\frac{\partial N_k}{\partial t} = \theta_k + \left[\frac{\partial}{\partial x}\left(D_x \frac{\partial N_k}{\partial x}\right) + \frac{\partial}{\partial y}\left(D_y \frac{\partial N_k}{\partial y}\right) + \frac{\partial}{\partial z}\left(D_z \frac{\partial N_k}{\partial z}\right) \right] - \frac{\partial(w_k N_k)}{\partial z} \quad (7\text{-}1)$$

式中:k 为泥沙絮团级别;t 为时间;N_k 为泥沙悬浊液单位体积内 k 级絮团的个数;D_x,D_y,D_z 分别为 X、Y、Z 3 个方向上的扩散系数;w_k 为 k 级絮团的沉降速度。方程右边第一项 θ_k 表示泥沙絮凝造成的 k 级絮团的变化;第二项表示扩散作用的影响;第三项表示泥沙絮团沉降的影响。

7.1.1　絮凝项的处理

7.1.1.1　基本方程

1971 年 Smoluchowski 在胶体化学范畴内提出的胶体分散体系的絮凝动力学方程目前仍然是建立絮凝动力学模型的基础,此方程描述了两个不同级别的颗粒(絮团)不可逆的碰撞黏结成一个新絮团的速率,即

$$\theta_k = \frac{1}{2}\sum_{i=1,j=k-i}^{i=k-1} \alpha_{i,j}\beta_{i,j}N_iN_j - \sum_{i=1}^{\infty} \alpha_{ik}\beta_{ik}N_iN_k \quad (7\text{-}2)$$

式中:i,j 为絮团级别,且满足 $k=i+j$;$\alpha_{i,j}$ 和 $\beta_{i,j}$ 分别为碰撞效率和碰撞频率。为便于计算,Smoluchowski 做了如下基本假设:①两个絮团碰撞后即黏结在一起形成新絮团,即 $\alpha_{i,j}=1$;②初始单颗粒粒径均一;③絮凝形成的絮团均是实心球体;④絮团不发生破碎及重组。由于这些假设与实际情况相差较大,学者们进行了大量的改进以接近真实情况,主要包括:短程力和水流的存在造成的碰撞效率远小于 1,初始颗粒粒径是非均匀的,絮凝形成的絮团不是实心球体,而是多孔隙的具有分形特性的不规则体、水流剪切力的影响

等。

　　PBM(population balance model)就是诸多改进模型中应用较多的模型,主要用来跟踪颗粒在絮凝过程中的变化情况,在结晶、气溶胶动力学、蛋白质结晶等领域得到广泛应用。考虑到 PBM 模型的诸多优点,新建黏性泥沙絮凝沉降动力学模型的絮凝项采用 PBM 模型,PBM 模型由单颗粒(絮团)凝聚和絮团破碎两部分组成(见图7-1)。

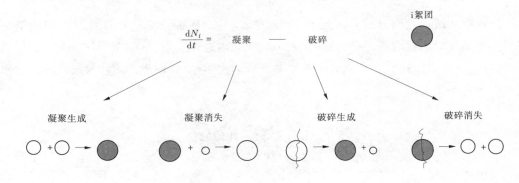

图7-1　群体平衡模型原理示意图

其基本方程为:

$$\theta(v,t) = \frac{1}{2}\int_0^v \alpha(v-u,u)\beta(v-u,u)N(v-u,t)N(u,t)\mathrm{d}u -$$

$$N(v,t)\int_0^\infty \alpha(v,u)\beta(v,u)N(u,t)\mathrm{d}u +$$

$$\int_v^\infty \zeta(u)\gamma_2(v,u)N(u,t)\mathrm{d}u - \zeta(v)N(v,t) \tag{7-3}$$

式中:v 和 u 为絮团体积;$\alpha(v,u)$ 和 $\beta(v,u)$ 分别表示体积分别为 v 和 u 的两絮团之间的碰撞效率和碰撞频率;$\zeta(v)$ 表示体积为 v 絮团的破碎频率;$\gamma_2(v,u)$ 表示体积为 u 的絮团破碎生成体积为 v 的絮团的概率函数。方程右边四项与图 7-1 中的四项一一对应,第一项表示体积为 $v-u$ 和 u 的颗粒(絮团)生成体积为 v 絮团的速率;第二项表示体积为 v 的絮团与其他絮团碰撞黏结导致 v 絮团数目的减少速率;第三项表示体积大于 v 的絮团破碎生成 v 絮团的速率;第四项表示 v 絮团破碎引起的 v 絮团数目减少速率。

7.1.1.2　离散方法

　　絮凝群体平衡模型的准确度直接影响新建模型的应用,因此选择合适的离散方法是十分重要的。基于 Lister 等(1995)提出的方法,并引入水流剪切力作用下的絮团破碎等因素,采用 $v_{k+1} = 2^{1/q}v_k$(q 为参数)方式离散方程。在离散过程中,将引起 k 区间絮团数目变化的类型共分为 7 种,分别为:

　　类型 1:颗粒(絮团)之间的絮凝生成 k 区间及级别小于 k 区间的絮团;

　　类型 2:颗粒(絮团)之间的絮凝只生成 k 区间的絮团;

　　类型 3:颗粒(絮团)之间的絮凝生成 k 区间及级别大于 k 区间的絮团;

类型 4：颗粒（絮团）之间的絮凝使 k 区间的絮团部分消失；

类型 5：颗粒（絮团）之间的絮凝使 k 区间的絮团全部消失；

类型 6：粒径级别大于 k 区间的絮团破碎生成 k 区间的絮团；

类型 7：k 区间的絮团破碎造成的损失。

表 7-1 中给出了各个类型的组成区间，进而可得到：

$$
\begin{aligned}
\theta_k = &\sum_{j=1}^{1-S(1)} C_1 \alpha_{k-1,j} \beta_{k-1,j} N_{k-1} N_j + \sum_{i=2}^{q} \sum_{j=k-S(i-1)}^{k-S(i)} C_2 \alpha_{k-i,j} \beta_{k-i,j} N_{k-i} N_j + \\
&\frac{1}{2} C_3 \alpha_{k-q,k-q} \beta_{k-q,k-q} N_{k-q}^2 + \sum_{i=1}^{q-1} \sum_{j=k+1-S(i)}^{S(i+1)} C_4 \alpha_{k-i,j} \beta_{k-i,j} N_{k-i} N_j - \\
&C_5 \sum_{j=1}^{k-S(1)+1} \alpha_{k,j} \beta_{k,j} N_j N_k - \sum_{j=k-S(1)+1}^{\infty} C_6 \alpha_{k,j} \beta_{k,j} N_k N_j - C_7 \zeta_k N_k + \sum_{j=k+1}^{max} C_8 \gamma_{2ij} \zeta_j N_j
\end{aligned}
\tag{7-4}
$$

式中：$S(i)$ 为与 q 相关的系数，$S(i) = \left[1 - q\ln(1 - 2^{-i/q})/\ln 2 \right]$；$C_1$、$C_2$、$C_3$、$C_4$、$C_5$、$C_6$、$C_7$ 和 C_8 分别为方程中各部分的矫正系数。对于 C_3、C_6、C_7 和 C_8 而言，由于这些区间内每次碰撞或破碎都会使 k 级别絮团的数目发生变化，因此 $C_3 = C_6 = C_7 = C_8 = 1$；对于 C_1、C_2、C_4 和 C_5，以 C_5 为例介绍此类矫正系数的计算方法。C_5 表示 k 区间内的絮团与 j 区间内的絮团凝聚造成 k 区间絮团数目减少的概率，其计算过程如下：首先，假设第一个区间范围为 $\left[2^{1/q}, 2^{2/q} \right]$，则 k 区间的范围为 $\left[2^{k/q}, 2^{(k+1)/q} \right]$，相应 j 区间内体积在 $[v, v+\mathrm{d}v]$ 之间的一个絮团必须与 k 区间内体积范围在 $\left[2^{(k+1)/q} - v, 2^{(k+1)/q} \right]$ 之间的絮团碰撞黏结才能导致 k 区间内絮团数目的减小，因此能成功导出类型 4 发生的概率，可表示为：

$$
\mathrm{d}P = \frac{v}{2^{(k+1)/q} - 2^{k/q}} \frac{\mathrm{d}v}{2^{(j+1)/q} - 2^{j/q}} = \frac{v\,\mathrm{d}v}{2^{(k+j)/q}(2^{1/q} - 1)^2}
\tag{7-5}
$$

将式（7-5）在 j 区间 $\left[2^{j/q}, 2^{(j+1)/q} \right]$ 上积分可得：

$$
C_5 = \frac{2^{1/q} + 1}{2(2^{1/q} - 1)} 2^{(j-k)/q}
\tag{7-6}
$$

C_1、C_2 和 C_4 可采用相同方法求得，分别为：

$$
\begin{aligned}
C_1 &= \frac{2^{1/q} + 1}{2(2^{1/q} - 1)} 2^{(j-k+1)/q} \\
C_2 &= \frac{2^{1/q} - 2^{i/q}}{2^{1/q} - 1} + \frac{2^{1/q} + 1}{2(2^{1/q} - 1)} 2^{(j-k+i)/q} \\
C_4 &= \frac{2^{k/q} - 1}{2^{1/q} - 1} - \frac{2^{1/q} + 1}{2(2^{1/q} - 1)} 2^{(j-k+i-1)/q}
\end{aligned}
\tag{7-7}
$$

将式（7-6）和式（7-7）代入式（7-4），同时考虑体积守恒，最终可得到新建模型中絮凝项采用的基本方程：

$$\theta_k = \sum_{j=1}^{k-S(1)} \alpha_{k-1,j}\beta_{k-1,j}N_{k-1}N_j\left[\frac{2^{(j-k+1)/q}}{2^{1/q}-1}\right] +$$

$$\sum_{i=2}^{q}\sum_{j=k-S(i-1)}^{k-S(i)} \alpha_{k-i,j}\beta_{k-i,j}N_{k-i}N_j\left[\frac{2^{(j-k+1)/q}-1+2^{-(k-1)/q}}{2^{1/q}-1}\right] +$$

$$\frac{1}{2}\alpha_{k-q,k-q}\beta_{k-q,k-q}N_{k-q}^2 +$$

$$\sum_{i=1}^{q-1}\sum_{j=k+1-S(i)}^{S(i+1)} \alpha_{k-i,j}\beta_{k-i,j}N_{k-i}N_j\left[\frac{-2^{(j-k)/q}+2^{1/q}-2^{-(i)/q}}{2^{1/q}-1}\right] -$$

$$\sum_{j=1}^{k-S(i)+1} \alpha_{k,j}\beta_{k,j}N_jN_k\left[\frac{2^{(j-k)/q}}{2^{1/q}-1}\right] -$$

$$\sum_{j=k-S(i)+1}^{\infty} \alpha_{k,j}\beta_{k,j}N_kN_j - \zeta_kN_k + \sum_{j=k+1}^{\max}\gamma_{2kj}\zeta_jN_j \tag{7-8}$$

表 7-1　群体平衡模型离散区间

q	絮团区间	凝聚					破碎	
		类型 1	类型 2	类型 3	类型 4	类型 5	类型 6	类型 7
		生成	生成	生成	消失	消失	生成	消失
1	k	—	—	—	$1 \leqslant j \leqslant k-1$	$k \leqslant j \leqslant \infty$	$k < j \leqslant \infty$	k
	$k-1$	$1 \leqslant j \leqslant k-2$	$k-1$	—	—	—	—	—
2	k	—	—	—	$1 \leqslant j \leqslant k-3$	$k-2 \leqslant j \leqslant \infty$	$k < j \leqslant \infty$	k
	$k-1$	$1 \leqslant j \leqslant k-4$	—	$k-3 \leqslant j \leqslant k-2$	—	—	—	—
	$k-2$	$k-4 \leqslant j \leqslant k-3$	$k-2$	—	—	—	—	—
3	k	—	—	—	$1 \leqslant j \leqslant k-6$	$k-5 \leqslant j \leqslant \infty$	$k < j \leqslant \infty$	k
	$k-1$	$1 \leqslant j \leqslant k-7$	—	$k-6 \leqslant j \leqslant k-4$	—	—	—	—
	$k-2$	$k-7 \leqslant j \leqslant k-5$	—	$k-4 \leqslant j \leqslant k-3$	—	—	—	—
	$k-3$	$k-5 \leqslant j \leqslant k-4$	$k-3$	—	—	—	—	—
$\vdots$	$\cdots$	$\cdots$	$\cdots$	$\cdots$	$\cdots$	$\cdots$	$\cdots$	$\cdots$
q	k	—	—	—	$1 \leqslant j \leqslant k-S(1)+1$	$k-S(1)+2 \leqslant j \leqslant \infty$	$k < j \leqslant \infty$	k
	$k-i$	$k-S(i-1)-2 \leqslant j \leqslant k-S(i)$	—	$k+1-S(i) \leqslant j \leqslant k+1-S(i+1)$	—	—	—	—
	$\cdots$	$\cdots$	$\cdots$	$\cdots$	$\cdots$	$\cdots$	$\cdots$	$\cdots$
	$\cdots$	$\cdots$	$\cdots$	$\cdots$	$\cdots$	$\cdots$	$\cdots$	$\cdots$
	$k-q$	$k-S(q-1) \leqslant j \leqslant k-S(q)$	$k-q$	—	—	—	—	—

7.1.1.3　碰撞频率

碰撞频率 β_{ij} 是反映泥沙单颗粒(絮团)之间碰撞快慢的参数。在胶体化学领域,布朗运动是引起胶体颗粒碰撞的主要机制,但对于微米级别的黏性泥沙而言,布朗运动可以忽略不计,差速沉降和水流作用才是主要的碰撞机制。最初关于碰撞效率的研究大多是在假设絮团为实心球体的情况下进行的,这与试验观测和模拟到的絮团形态有较大的出入,因此新建模型中采用考虑絮团分形结构影响的公式计算黏性泥沙颗粒(絮团)之间的碰撞频率,即

$$\beta_{ij} = \beta_{DS(ij)} + \beta_{FS(ij)} \tag{7-9}$$

式中:

$$\beta_{DS(ij)} = \begin{cases} \dfrac{g}{12\upsilon}\left(\dfrac{\pi}{6}\right)^{-1/3}(\rho_a - \rho_l)v_0^{1/3-1/D_F}(v_i^{1/D_F} + v_j^{1/D_F})^2 \times \\[2mm] \left| v_i^{(D_F-1)/D_F} - v_j^{(D_F-1)/D_F} \right| \qquad (2 \leqslant D_F \leqslant 3) \\[4mm] \dfrac{g}{12\upsilon}\left(\dfrac{\pi}{6}\right)^{-1/3}(\rho_a - \rho_l)v_0^{4/3-3/D_F}(v_i^{1/D_F} + v_j^{1/D_F})^2 \times \\[2mm] \left| v_i^{1/D_F} - v_j^{1/D_F} \right| \qquad\qquad (D_F < 2) \end{cases}$$

$$\beta_{FS(ij)} = \dfrac{G}{\pi} v_0^{1-3/D_F}(v_i^{1/D_F} + v_j^{1/D_F})^3$$

式中:β_{DS} 和 β_{FS} 分别为差速沉降和水流作用下的碰撞频率;g 为重力加速度;ρ_a 和 ρ_l 分别为泥沙颗粒和悬液的质量密度;v_0 为泥沙单颗粒的体积;D_F 为絮团分形维数;G 是水流剪切强度,与紊动能量耗散系数 ε 和液体运动黏度 υ 有关,$G = (\varepsilon/\upsilon)^{1/2}$。

7.1.1.4　碰撞效率

上述碰撞频率是在假设泥沙颗粒(絮团)沿直线轨迹运动下得到的,且认为颗粒只要发生碰撞就会黏结在一起形成新絮团,这显然与实际情况是不符的。事实上,当颗粒之间发生碰撞后,是否发生黏结受到很多因素的影响。对于粒径在微米级别的黏性泥沙而言,当两个颗粒接近时,颗粒平动或转动形成的水动力学作用力将会阻止颗粒进一步靠近,使颗粒沿曲线轨迹运动(见图7-2),但当碰撞时两颗粒之间的距离越过第二极小值后,伦敦力将占主导地位,颗粒将黏结在一起,因此水动力学作用和伦敦力是影响泥沙颗粒黏结的主要因素。

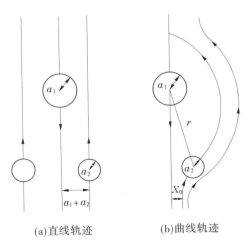

(a)直线轨迹　　　　(b)曲线轨迹

图 7-2　颗粒直线与曲线碰撞形式

碰撞效率则是综合考虑这些因素后提出的一个参数,表示碰撞颗粒黏结在一起形成絮团的概率,其可通过公式直接计算(Batchelor,1982),但计算方法中某些颗粒间的相互

作用力无法确定,同时,某些泥沙颗粒表面的电化学参数也较难测量,且计算过程复杂。因此,新建模型中并未采用有关方法直接计算黏性细颗粒碰撞效率 $\alpha_{i,j}$,而是将其作为一个待定参数,通过拟合实测结果和模型计算数据得到。

7.1.1.5　絮团破碎频率及方式

　　水流紊动的掺混作用促进泥沙颗粒(絮团)之间的碰撞,但随着泥沙絮团尺寸的增加,絮团强度逐渐减小,在水流剪切力的作用下容易破碎,生成两个或多个子絮团。絮团是否发生破碎取决于水流紊动剪切力与絮团强度孰大孰小。在絮团极限强度模型中,絮团极限强度主要由组成絮团的颗粒数量、黏结强度决定,且与絮团结构等相关。Tambo 等(1979)在假定絮团极限强度与破裂面固体区域面积成比例,且与初始颗粒之间的黏结力相关的情况下,得到絮团极限强度:

$$S_f = \frac{\pi}{4} \left(\frac{\pi}{6} \right)^{-\frac{2}{3}} F_c \left(\frac{d_f}{d_0} \right)^{2D_F/3} \tag{7-10}$$

式中: F_c 为泥沙单颗粒之间的黏结力; d_f 为絮团粒径; d_0 为泥沙单颗粒粒径; D_F 为絮团分形维数。进而根据絮团极限强度可计算絮团破碎频率,但上式中组成絮团初始颗粒数较难确定,直接通过上式计算絮团破碎频率存在较大的困难。因此,新建输移模型中采用 Peng 等(1994)提出的半经验公式计算絮团破碎频率:

$$\zeta_i = A' G^{\gamma_1} v_i^{1/3} \tag{7-11}$$

式中: A' 是校正系数; γ_1 是与絮团强度相关的参数; A' 与 γ_1 根据试验结果与模型计算结果的吻合程度而定。

　　如前所述,絮团在水流剪切作用下破碎的方式有二元破碎、三元破碎及正态破碎三种。按照絮团破碎后形成子絮团的数量,二元破碎、三元破碎、正态破碎用数学语言表达分别为:

$$\left. \begin{array}{l} \gamma_{2i,j} = \begin{cases} 2 & 2^{(j-q-2)/q} v_0 < v_i < 2^{(j-q-1)/q} v_0 \\ 0 & v_i = 其他 \end{cases} \\[4mm] \gamma_{2i,j} = \begin{cases} 1 & 2^{(j-q-2)/q} v_0 < v_i < 2^{(j-q-1)/q} v_0 \\ 2 & 2^{(j-2q-2)/q} v_0 < v_i < 2^{(j-2q-1)/q} v_0 \\ 0 & v_i = 其他 \end{cases} \\[4mm] \gamma_{2i,j} = \dfrac{v_j}{v_i} \displaystyle\int_{2^{(i-1)/q} v_0}^{2^{i/q} v_0} \dfrac{1}{\sigma \sqrt{2\pi}} \exp\left[-\dfrac{(v - v_{hm})^2}{2\sigma^2} \right] \mathrm{d}v \end{array} \right\} \tag{7-12}$$

式中: v_0 为初始泥沙颗粒体积; σ 为絮团破碎后子絮团分布的标准差; v_{hm} 为子絮团的平均体积, $v_{hm} = v_j/2$。新建模型中采用与实际情况较接近的正态破碎方式计算絮团破碎后子絮团分布情况。

7.1.2　泥沙絮团沉速

　　与传统粗颗粒泥沙不同,泥沙絮团结构松散、结构复杂且无规则,不宜采用传统泥沙沉降公式计算,因此新建输移模型采用 6.2.2.2 中提出的改进公式计算泥沙絮团沉降速度。

7.1.3 紊动扩散系数

泥沙扩散是指因流体分子的布朗运动或流体微团的紊动使泥沙浓度平均化的现象。由分子运动引起的泥沙扩散称为分子扩散,因流体涡团的紊动引起的泥沙扩散称为紊动扩散。静止水流中无紊动扩散,只有分子扩散。而天然河流中存在着大量不同尺度的紊动涡体,因此紊动水流中两种扩散都存在,虽然不同尺度的紊动涡体对物质运输的影响作用不同,但紊动扩散比分子扩散大 $10^5 \sim 10^6$ 倍,故模型中只考虑影响作用较强的紊动扩散。

紊动扩散系数可根据 k-ε 模型计算,但计算过程较复杂,对于黏性泥沙而言,考虑到其对水流的跟随性较好,泥沙紊动扩散系数与紊动黏性系数相当(姚仕明等,2008;谈广鸣等,2005),因此笔者认为黏性泥沙的紊动扩散系数近似等于紊动黏性系数。基于张红武的"涡团"模式理论,可得到细颗粒泥沙垂向紊动扩散系数:

$$D_z = c_n u^* \sqrt{z(H - z)} \tag{7-13}$$

式中: u^* 是摩阻流速; H 为总水深; c_n 为与涡体相关的参数,可通过式(7-14)计算(张红武等,1994):

$$c_n = 0.15 \left[1 - 4.2 \sqrt{S_V} (0.365 - S_V) \right] \tag{7-14}$$

式中: S_V 为泥沙体积浓度。摩阻流速 u^* 根据惯性耗散法得到(Perlin 等,2005):

$$u^* = (\varepsilon \kappa z_b)^{\frac{1}{3}} \tag{7-15}$$

式中: ε 为紊动能量耗散系数($\varepsilon = \upsilon G^2$); κ 为卡门常数, $\kappa = 0.4$; z_b 为摩阻流速相应的高度。对于横向紊动扩散系数 D_y 而言,其与垂向紊动扩散系数之间满足:

$$D_z = \lambda_1 D_y \tag{7-16}$$

式中: λ_1 为参数,与河道的形态、宽深比等相关,一般 λ_1 在 $1/3 \sim 1/2$ 变化(郑旭荣,2002)。对于纵向紊动扩散而言,其与横向紊动扩散产生机制相同,相应其系数应与横向紊动扩散系数在一个数量级上,可采用 Fischer 等(1979)提出的半经验公式计算:

$$D_x = 0.1 U'^2 b'^2 / D_y \tag{7-17}$$

式中: b' 为与河宽 B' 相关的参数,且 $b' = 0.7 B'$; U' 为与流体平均流速 $\overline{U}$ 相关的参数,且 $U'^2 / \overline{U}^2 = 2$。

7.1.4 模型计算方法

由于新建模型基本方程存在较大的刚性,直接计算存在一定的困难,因此采用河流数学模型中应用较多的破开算子法进行计算,即将一个时间步长分为两部分,在前半个时间步长内,根据初始条件计算絮凝项对絮团数量的影响;在后半个时间步长内,以前半步长计算出的结果作为初始条件,计算沉降和扩散项引起黏性泥沙絮团数目的变化。其中,絮凝项采用自适应步长的龙格-库塔法计算;扩散项采用有限差分法计算,图 7-3 为模型计算流程。模型中絮团强度 D_F、碰撞效率 α、絮团强度参数 A' 和 y_1 通过式(7-18)得到:

$$\min_{D_F,\alpha,A',y_1}\psi = \sum_{t=0}^{t=t_{max}}(S_{exp}-S_{model})^2 \tag{7-18}$$

式中：t 为计算时间；S_{exp} 为试验实测值；S_{model} 为模型计算值。

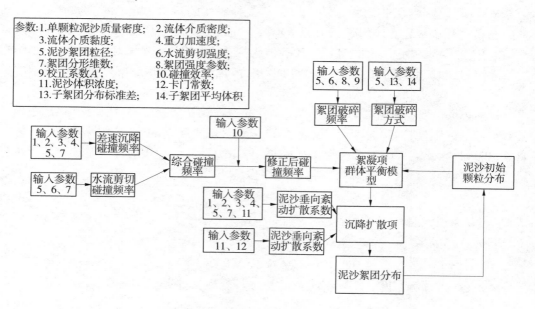

图 7-3　黏性泥沙絮凝沉降动力学模型计算流程

7.2　模型验证

7.2.1　验证方案

7.2.1.1　絮凝项验证方案

　　黏性泥沙的絮凝是整个模型的核心，首先采用 Mietta 等（2009）的试验结果对絮凝方程进行验证。此试验在一个直径为 125 mm、高为 85 mm 的广口瓶中进行，紊流由固定在广口瓶底、直径为 10 mm 的搅拌棒产生。所用泥沙采自斯凯尔特河，矿物成分主要有伊利石（53%）、蒙脱石（21%）和高岭土（26%）组成，泥沙粒径小于 2 μm 的占 2%，泥沙粒径小于 63 μm 的占 93%，泥沙初始浓度为 0.12 kg/m³，pH 值和阳离子浓度通过盐酸、氯化镁和氯化钙调节。模拟时采用与试验相同的初始条件（pH 值和阳离子浓度用待定参数反映）。选用泥沙平均粒径和泥沙粒径分布作为验证参数。

7.2.1.2　絮凝沉降验证方案

　　考虑到水库、湖泊及天然河流中水流运动状态不同，分别从静水和动水两个层面验证模型。

　　静水环境下，利用赵明（2010）的静水沉降试验数据验证模型。该试验在一个高 2 m（有效高度 1.75 m）、内径为 0.14 m 的圆柱形有机玻璃筒中进行，在沉降筒的外壁上每隔 0.25 m 安装一个反射式红外线传感器,用于测量泥沙浓度。试验所用泥沙中值粒径为 7.5 μm,泥样中 70% 的泥沙粒径小于 30 μm;试验初始泥沙浓度分别为 1 kg/m³、4 kg/m³、8 kg/m³、12 kg/m³ 和 16 kg/m³。模型计算时,选用 1 kg/m³ 和 4 kg/m³ 两种初始含沙量;泥沙初始粒径采用与试验中相同的粒径分布;根据沉降筒的高度和传感器位置,竖直方向上的空间步长设为 0.1 m;模型上边界采用无通量边界条件,即计算过程中无外源泥沙加入,下边界采用平流边界条件。

动水环境下,则选用 Bale 等(2002)的试验结果进行验证。此试验在明渠水槽中进行,主要研究周期性潮汐作用下黏性泥沙的输移特性。潮汐水流由一个转动板产生,水流流速在 0.05~0.45 m/s 变化,周期为 4 h。泥沙初始浓度为 3.52 kg/m³。模型计算时,共设 23 个絮团分布区间,泥沙颗粒(絮团)粒径在 5~1 000 μm 变化;竖直方向上取 29 个节点来计算不同深度的泥沙浓度及絮团粒径变化。上边界采用封闭性边界条件,即初始时刻后,不再有黏性泥沙进入;对于下边界,考虑黏性泥沙(絮团)在水流紊动作用下的再悬浮,根据 Warner 等(2005)的研究成果,k 区间内泥沙再悬浮通量 $E_{s,k}$ 用下式计算:

$$D_z \frac{\partial N_k}{\partial z} = E_{s,k} = \frac{E_0}{m_k}(\frac{\tau_b}{\tau_c} - 1)/m; \quad 当 \tau_b > \tau_c 时 \tag{7-19}$$

式中:E_0 为床面的侵蚀强度;m_k 是 k 区间内的泥沙絮团质量;τ_b 是剪切力,$\tau_b = \rho_l u^{*2}$;τ_c 是泥沙再悬浮的临界切应力,取 0.12 Pa(Righetti 等,2007)。模型计算时,两步时间步长均取 1 s,但第二步的时间步长细分为 0.1 s,以提高计算的准确性,总模拟时间为 12 h,包括 3 个潮汐周期。模拟时,α、A'、y_1、E_0 和 D_F 通过寻找模型计算结果与试验结果之间的最小均方差确定。

7.2.2　验证结果

7.2.2.1　絮凝项验证结果

图 7-4 是不同剪切强度下试验值与模拟值的对比,由图可知:模拟初期,泥沙絮凝占主要地位,泥沙絮团平均粒径快速增长,随着模拟时间的延长,絮团逐渐变大,强度随之减小,絮团破碎现象慢慢凸显,增长速度变慢,直至絮团生成速率等于破碎速率时,系统进入相对平衡状态,稳定在某一固定值附近,这种变化定性上符合絮凝理论。由于模拟时初始代表粒径与试验粒径组成存在一定的差异,初始阶段的试验值和模拟值相差略大,但整体而言模拟值与试验值吻合良好。

以絮团粒径分布为参数,进一步对比了絮凝方程和已有 Maggi 模型(Maggi 等,2007)计算结果。模拟初始条件采用与 Maggi 模型相同的初始条件,即初始泥沙粒径级配在 5~20 μm,初始浓度为 0.5 kg/m³,剪切强度 $G=5$ s⁻¹、10 s⁻¹、20 s⁻¹、40 s⁻¹。图 7-5 是不同剪切强度下絮凝方程与 Maggi 模型计算结果对比,从图 7-5 中可以看出,絮凝方程的模拟结果与 Maggi 模型模拟结果有所偏差,但计算结果与试验数据吻合度更高。

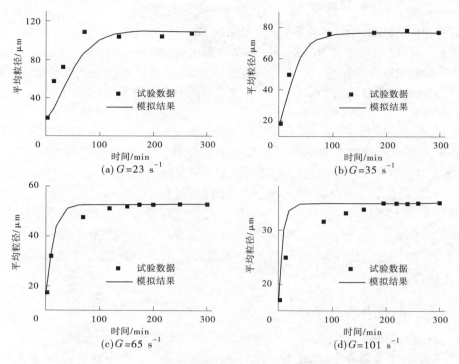

图 7-4　不同剪切强度下试验值与模拟值对比

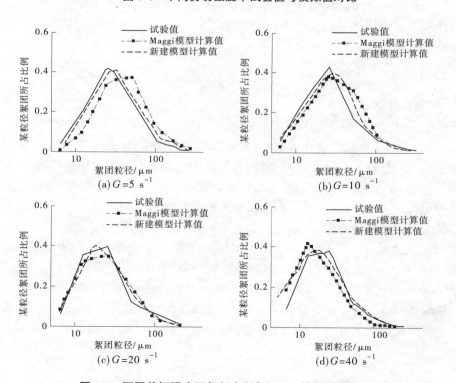

图 7-5　不同剪切强度下絮凝方程与 Maggi 模型模拟结果对比

7.2.2.2 絮凝沉降验证结果

图 7-6 是静水环境下 1.0 m 深处的泥沙浓度试验值和模拟值的对比(初始含沙量为 1 kg/m³ 和 4 kg/m³)。此时,碰撞效率及絮团分形维数分别为 0.05 和 2.2。从图 7-6 中可以看出,两种初始含沙量下,模拟值与试验值虽然在模拟初期存在一定偏差,但整体吻合程度较好,即新建输移模型可用于模拟黏性泥沙静水垂向输移过程,且具有较好的精度。

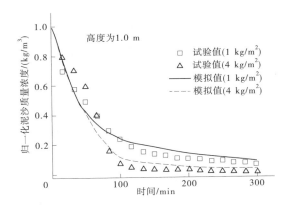

图 7-6 静水环境下试验值与模拟值对比

图 7-7 为动水环境下距离床面 0.1 m 处泥沙浓度试验值与模拟值的对比图。此时,α、A'、y_1、E_0 和 D_F 分别为 0.03、0.000 7、1.6、0.000 001 kg/(m² · s)和 2.5。由图 7-7 可知:水流流速较大时,泥沙絮团的破碎及床底泥沙的再悬浮占主要地位,泥沙浓度变化较小;流速减小后,泥沙浓度也逐渐减小,在落潮顶端附近达到最小值,而后,随着水流流速的增加,泥沙浓度急剧增大,且恢复到初始水平。之后的 4 h 内,泥沙浓度重复此过程变化。从图 7-7 中可以看出,除水流流速较小时差距略大外,模拟值与试验值具有较好的吻合性,因此新建模型也可用于模拟动水环境下黏性泥沙的输移。

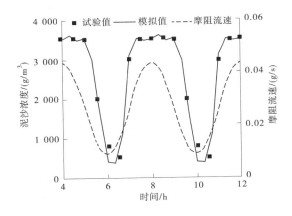

图 7-7 动水环境下试验值与模拟值对比

综上所述,新建模型能用于模拟动静水环境下黏性泥沙的絮凝沉降过程,且具有一定的精度。

7.3　模型应用

通过数值试验研究了静水环境下仅考虑絮凝和同时考虑絮凝及絮团沉降两种条件下絮团体积和平均粒径的时空变化,探讨了分形维数对模型的影响规律和动水环境下泥沙絮凝、重力沉降及紊动扩散对黏性泥沙垂向输移的影响规律。

7.3.1　静水环境数值试验

静水环境下,模拟试验基本参数设定如下:初始含沙量设为 1 kg/m³;泥沙初始粒径为 1 μm,最大粒径为 100 μm;温度为 20 ℃;模拟总时间为 300 min;模拟空间垂向高度设为 2.0 m,垂向空间步长为 0.1 m;碰撞效率和分形维数的取值参照验证模型中的取值。模拟方案包括仅考虑絮凝、絮凝及絮团沉降均考虑两种。

7.3.1.1　絮团体积分布时空变化

图 7-8 是不同条件下泥沙絮团体积分布随时间的变化曲线(仅考虑絮凝和同时考虑絮凝及絮团沉降)。由图 7-8 可知,当仅考虑泥沙絮凝时,小絮团体积随时间逐渐减少,大絮团体积则逐渐增加,主要原因是:泥沙单颗粒(絮团)碰撞黏结生成大絮团。当同时考虑泥沙絮凝及絮团沉降时,小絮团体积损失变少,大絮团体积则随时间遵循先增加后减少的规律,主要原因是:考虑泥沙沉降后,初始一段时间内,上层泥沙絮团沉降过程中会弥补下层的损失,之后,由于整个模拟空间内无外源泥沙再次进入,上层泥沙对下层的补充作用会逐渐变小。对于大絮团而言,不仅上层补充作用变弱,自身向下输移也较大,从而使大絮团体积大幅度下降。

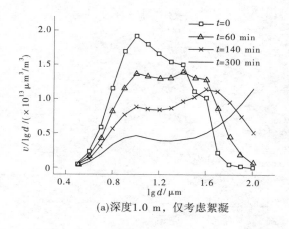

(a)深度1.0 m,仅考虑絮凝

图 7-8　不同条件下絮团体积分布随时间的变化曲线

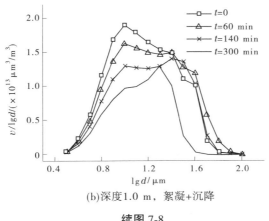

(b)深度1.0 m，絮凝+沉降

续图 7-8

图 7-9 为稳定期不同深度下絮团体积分布对比,从图 7-9 中可以看出:不同深度下,絮团体积分布相似,但位置越深,絮团体积分布越广,大絮团所占比例越大。主要原因是:同时考虑泥沙絮凝和沉降时,泥沙静水垂向输移过程可分为两个阶段,第一阶段,上层泥沙补给较充足,絮凝占主导地位;第二阶段,泥沙颗粒(絮团)碰撞频率随着悬液中泥沙浓度的降低而减小,同时上层对下层补给变少,泥沙沉降起主要作用。较浅处,上层泥沙的补给较少且持续时间短,第二阶段占主要地位,大絮团较多的沉降到下层;较深处,由于上层泥沙补给较多,第一阶段时间较长,从而使泥沙沉降对絮团体积分布的影响时间较短,大絮团向下输移较少,因而絮团体积分布范围较广,且大絮团所占比例较大。

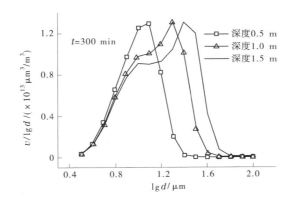

图 7-9　稳定期不同深度下絮团体积分布对比

7.3.1.2　絮团平均粒径时空变化

图 7-10 是不同条件和深度下絮团平均粒径的变化情况(仅考虑絮凝、同时考虑絮凝与沉降)。从图 7-10 中可以看出,仅考虑絮凝时,絮团平均粒径 d_{avg} 初期迅速增大,随时间增长速率逐渐变慢;考虑泥沙沉降后,泥沙絮团平均粒径 d_{avg} 随时间遵循先增后减的规律,且随深度的增加,絮团平均粒径 d_{avg} 最大值逐渐变大,出现时间则逐渐延后。主要原因是:仅考虑泥沙絮凝时,初期,泥沙颗粒(絮团)絮凝速率较快,絮团平均粒径 d_{avg} 迅速

增大;当同时考虑泥沙絮凝和沉降时,絮凝形成的泥沙絮团会在重力作用下沉降,能对下层泥沙损失形成一定的补充,但深度较小时,上层泥沙的补偿作用时间较短,且絮团大量沉降至下层,从而使泥沙絮团平均粒径最大值较小,且较早出现。

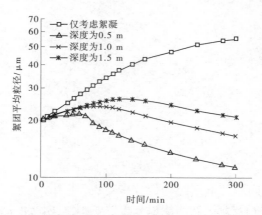

图 7-10　不同条件和深度下絮团平均粒径随时间的变化曲线

7.3.1.3　絮团分形维数对模型的影响

为指导新建模型中分形维数的取值,我们研究了泥沙絮团分形维数对模型的影响。图 7-11 是不同分形维数下絮团体积分布对比(深度 1.0 m;$t = 140$ min),从图中可以看出:随絮团分形维数的增加,絮团体积分布变窄,小絮团的体积变大,大絮团的体积则急剧减小。主要原因是:分形维数较大时,泥沙絮团结构较密实,沉速较大,小絮团沉速的增加加大了其对下层的补充;而对于大絮团,絮团沉速的增加使相同时间内向下输移的絮团级别和量均变多,从而使大絮团体积急剧减小,絮团分布变窄。

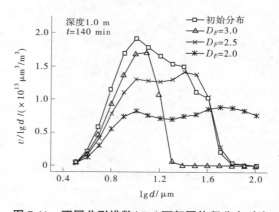

图 7-11　不同分形维数(D_F)下絮团体积分布对比

图 7-12 是不同分形维数下絮团平均粒径 d_{avg} 的变化情况(深度 0.5 m 处),由图 7-12 可知:絮团平均粒径随时间变化过程可分为三种类型:①d_{avg} 一直减小,此时泥沙絮团分形维数较大,絮团沉降占主要地位;②d_{avg} 一直增加,此时泥沙絮团分形维数极小,絮团孔隙率较高,絮团沉速很小;③d_{avg} 先增加后减小,此种情况最常见。

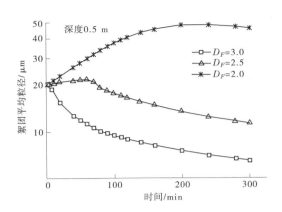

图 7-12　不同分形维数下絮团平均粒径随时间变化曲线

7.3.2　动水环境数值试验

动水环境下,选用泥沙絮团平均粒径 d_{avg} 和絮团粒径分布,通过新建模型研究絮凝、重力作用和紊动扩散对泥沙垂向输移的影响。

在数值试验中,初始含沙量设为 0.22 kg/m³;初始泥沙粒径服从高斯分布,中值粒径 20 μm, 标准差为 $7.5×10^{-6}$;水深设为 2 m。考虑到天然河道中紊动能量耗散系数 ε 在 10^{-10} ~ 10^{-4} m²/s³ 之间变化(Colomer 等,2005),选用 $\varepsilon = 1×10^{-6}$ m²/s³, $1×10^{-5}$ m²/s³ 和 $1×10^{-4}$ m²/s³ 来代表不同的水流条件。模拟过程中,垂向的空间步长设为 0.1 m;为提高计算速率,上、下边界均采用无通量边界条件;模拟总时间设为 150 min。α、A'、y_1 和 D_F 则采用动水模型验证时的取值,主要原因是:Bale 等的试验所用水取自天然河道。

图 7-13 是不同条件和深度下泥沙絮团平均粒径 d_{avg} 的变化情况($z=0.2$ m,1.0 m 和 1.8 m),其中 S 表示只考虑重力作用;F+S 表示考虑絮凝和重力作用;F+S+TD 表示同时考虑絮凝、重力作用及紊动扩散。从图 7-13 中可以看出:仅考虑重力作用时,初始一段时间内,d_{avg} 迅速下降;而后,悬液中只剩下沉速较小的极小颗粒,d_{avg} 下降速率变慢,同时,下层区域的 d_{avg} 大于上层区域的 d_{avg},这主要是上部区域泥沙的沉降对下部区域的补充作用造成的。考虑絮凝作用后,d_{avg} 呈先增加后减小的趋势,并且 d_{avg} 最终趋近于仅考虑沉降时的值。此外,下层区域内 d_{avg} 增加段的持续时间较长,且絮团平均粒径最大值也较大,如水面下 0.2 m 处絮团最大平均粒径为 18.38 μm, 而水面下 1.8 m 处的絮团最大平均粒径为 40.15 μm。主要原因是:初期,黏性泥沙的絮凝占主要地位,泥沙絮团平均粒径急剧增大,但随着絮团尺寸的增大,絮团的沉降作用超过絮凝,开始占主导地位,d_{avg} 开始减小,而对于下层区域而言,上层区域对下层的补充作用在一定程度上延长了絮凝占主导地位的时间。考虑紊动扩散后,对于上部区域而言,如 $z=0.2$ m,初始一段时间内,d_{avg} 明显增加;对于下部区域,初期,d_{avg} 小于考虑絮凝和重力作用的,并且随深度的增加,这种现象越明显,主要原因是:自下而上的紊动扩散作用比上层向下层的补充作用强,从而使絮团平均粒径较小。

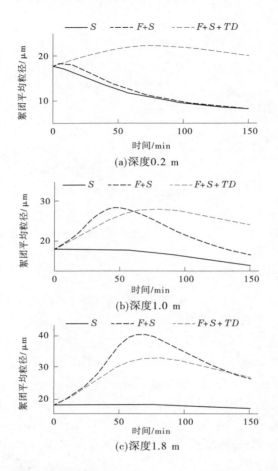

(S 表示只考虑重力作用;F+S 表示考虑絮凝和重力作用;F+S+TD 表示同时考虑絮凝、重力作用及紊动扩散)

图 7-13　不同条件和深度下泥沙平均粒径随时间变化曲线

　　图 7-14 是不同条件和深度下稳定时刻絮团体积分布变化曲线($z=0.2$ m、1.0 m、1.8 m;$t=150$ min)。对于上部区域而言,如 $z=0.2$ m;未考虑紊动扩散时,泥沙絮团以小尺寸絮团为主,且两种情况下体积分布相似,主要原因是此时重力沉降在黏性泥沙垂向输移中占主要地位;考虑紊动扩散后,絮团体积分布曲线变矮、变宽,并呈现出服从对数正态分布趋势,主要原因是:下部区域的泥沙颗粒(絮团)在紊动掺混作用下自下而上输移,弥补了重力沉降造成的泥沙损失。对于下部区域而言,仅考虑重力沉降时,上部区域泥沙的补充作用改变了泥沙颗粒体积分布,降低了泥沙大颗粒的损失;考虑絮凝后,泥沙单颗粒碰撞黏结形成絮团,大絮团体积增加,且随深度的增加,大粒径絮团所占比例增大;考虑紊动扩散后,下部区域泥沙在紊动作用下将向上层输送,此时,对于近底层而言,下部向其补充较少,而其自身向上层扩散较多,因此泥沙浓度较小,颗粒碰撞频率较低,大絮团生成速率较慢,大絮团所占比例较小。

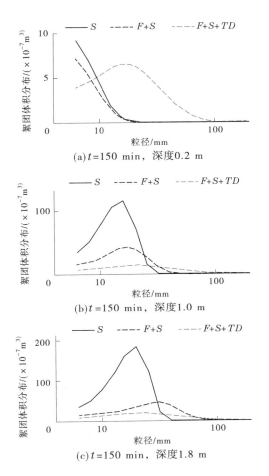

(a) $t=150$ min，深度 0.2 m

(b) $t=150$ min，深度 1.0 m

(c) $t=150$ min，深度 1.8 m

（S 表示只考虑重力作用；$F+S$ 表示考虑絮凝和重力作用；$F+S+TD$ 表示同时考虑絮凝、重力作用及紊动扩散）

图 7-14　不同条件和深度下稳定时刻絮团体积分布变化曲线

图 7-15 是不同能量耗散系数和深度下絮团平均粒径 d_{avg} 的变化情况（$\varepsilon=1\times10^{-6}$ m²/s³，1×10^{-5} m²/s³，1×10^{-4} m²/s³；$z=0.2$ m，1.0 m 和 1.8 m）。由图 7-15 可知：对上部区域而言，当 ε 较小时，紊动扩散作用较小，颗粒碰撞效率较低，泥沙沉降占主导地位，d_{avg} 一直减小；ε 增加后，紊动扩散作用增强，初始一段时间内，泥沙单颗粒（絮团）自下而上输送量增多，使泥沙浓度增加，颗粒之间的距离变短，颗粒碰撞频率变大，大絮团数量增多，d_{avg} 增大，但时间进一步延长后，絮团沉降重新占据主导地位，d_{avg} 又逐渐减小。对于下部区域而言，当 ε 较小时，上部区域对下部区域的泥沙补充作用促进了下部区域泥沙的絮凝，一定程度上缓解了泥沙沉降造成絮团平均粒径的减小，随着 ε 的增加，d_{avg} 逐渐呈现出先增加后减小的趋势，且这种趋势随深度的增加越来越明显。

综上可知，动水环境下，重力对黏性泥沙垂向输移的影响在上层区域和后期比较显著，絮凝则在下层区域及前期作用较大，而紊动扩散作用则影响整个区域黏性细颗粒的输移，且紊动能量耗散系数越大，影响作用越明显。

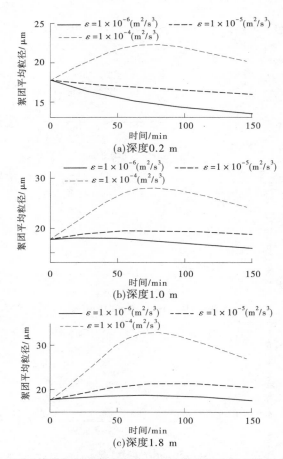

图 7-15　不同能量耗散系数和深度下泥沙絮团平均粒径随时间的变化曲线

7.4　小　结

（1）融合絮凝理论、分形理论和泥沙输移理论，建立了黏性泥沙絮凝沉降动力学模型，模型中考虑了絮凝、沉降及扩散三大项。其中，絮凝项采用包含絮团凝聚和破碎的改进群体平衡方程，并且考虑了絮团结构、破碎方式、水动力学作用等因素对絮凝的影响；沉降项中采用改进的沉降公式计算絮团沉速；扩散项利用紊动扩散系数反映。动静水验证试验结果表明新建模型能用于黏性泥沙絮凝沉降过程研究，且具有较好的精度。

（2）在静水环境下，黏性泥沙絮凝沉降过程中，大尺寸絮团体积随时间呈先增后减的规律，且随着深度的增加，絮团体积分布范围越宽，大尺寸絮团所占比例越大；絮团平均粒径随时间也遵循先增后减的规律，但絮团平均粒径最大值及出现时间均随深度增加而变大。

（3）在动水环境下，黏性泥沙絮凝沉降过程中，重力对黏性泥沙垂向输移的影响作用在上层区域和后期比较显著，絮凝则在下层区域及前期作用较大，而紊动扩散则影响整个区域黏性细颗粒的输移，且紊动能量耗散系数越大，影响作用越明显。

第 8 章　基于絮凝动力学的黏性泥沙二维输移模型及应用

物理模型试验是研究泥沙输移特性的重要手段,但由于目前还没有通用的数学表达式描述黏性运动一般规律,导出黏性泥沙相似指数极其困难,模型试验研究存在较大的困难;室内试验虽能通过单因素变化研究黏性细颗粒泥沙输移性质,但其试验条件与自然状态下相差较大。随着计算机性能的发展,数学模型以其模拟尺度大、计算效率高及耗费时间短逐渐得到科研工作者的认可。因此,本章介绍了基于絮凝动力学的黏性泥沙二维输移模型,以期能为河口、库区相关工程的规划、设计等提供可行的研究手段。

8.1　基本方程

由于黏性泥沙存在的絮凝特性,使其粒径分布、沉降等特性发生很大变化,因此基于絮凝动力学黏性泥沙平面二维输移模型包括水流运动方程、泥沙运动方程和泥沙絮凝方程及其他辅助方程。

一般曲线坐标下的二维浅水方程为:

$$J \frac{\partial z}{\partial t} + \frac{\partial (Uh)}{\partial \xi} + \frac{\partial (Vh)}{\partial \eta} = 0 \tag{8-1}$$

水流运动方程为:

$$J \frac{\partial (hu)}{\partial t} + \frac{\partial (Uhu)}{\partial \xi} + \frac{\partial (Vhu)}{\partial \eta} = -gh \left(y_\eta \frac{\partial z}{\partial \xi} - y_\xi \frac{\partial z}{\partial \eta} \right) + \frac{\partial}{\partial \xi} \left[\frac{\mu_t h}{J} \left(\alpha \frac{\partial u}{\partial \xi} - \beta \frac{\partial u}{\partial \eta} \right) \right] +$$

$$\frac{\partial}{\partial \eta} \left[\frac{\mu_t h}{J} \left(-\beta \frac{\partial u}{\partial \xi} + \gamma \frac{\partial u}{\partial \eta} \right) \right] - J \frac{g n^2 u \sqrt{u^2 + v^2}}{\sqrt[3]{h}}$$

$$\tag{8-2}$$

$$J \frac{\partial (hv)}{\partial t} + \frac{\partial (Uhv)}{\partial \xi} + \frac{\partial (Vhv)}{\partial \eta} = -gh \left(-x_\eta \frac{\partial z}{\partial \xi} + x_\xi \frac{\partial z}{\partial \eta} \right) + \frac{\partial}{\partial \xi} \left[\frac{\mu_t h}{J} \left(\alpha \frac{\partial v}{\partial \xi} - \beta \frac{\partial v}{\partial \eta} \right) \right] +$$

$$\frac{\partial}{\partial \eta} \left[\frac{\mu_t h}{J} \left(-\beta \frac{\partial v}{\partial \xi} + \gamma \frac{\partial v}{\partial \eta} \right) \right] - J \frac{g n^2 v \sqrt{u^2 + v^2}}{\sqrt[3]{h}}$$

$$\tag{8-3}$$

不平衡悬移质方程为:

$$J \frac{\partial(hS_s)}{\partial t} + \frac{\partial(UhS_s)}{\partial \xi} + \frac{\partial(VhS_s)}{\partial \eta} =$$

$$\frac{\partial}{\partial \xi}\left[\frac{\varepsilon_t h}{J}\left(\alpha \frac{\partial S_s}{\partial \xi} - \beta \frac{\partial S_s}{\partial \eta}\right)\right] + \frac{\partial}{\partial \eta}\left[\frac{\varepsilon_t h}{J}\left(-\beta \frac{\partial S_s}{\partial \xi} + \gamma \frac{\partial S_s}{\partial \eta}\right)\right] +$$

$$J\alpha_s \omega(S_s - S_{s*}) \tag{8-4}$$

上述推导方程可写成统一形式：

$$J \frac{\partial(h\phi)}{\partial t} + \frac{\partial(Uh\phi)}{\partial \xi} + \frac{\partial(Vh\phi)}{\partial \eta} =$$

$$\frac{\partial}{\partial \xi}\left[\frac{\Gamma_\phi h}{J}\left(\alpha \frac{\partial \phi}{\partial \xi} - \beta \frac{\partial \phi}{\partial \eta}\right)\right] + \frac{\partial}{\partial \eta}\left[\frac{\Gamma_\phi h}{J}\left(-\beta \frac{\partial \phi}{\partial \xi} + \gamma \frac{\partial \phi}{\partial \eta}\right)\right] + S_\phi \tag{8-5}$$

将交叉扩散项并入源项后：

$$J \frac{\partial(h\phi)}{\partial t} + \frac{\partial(Uh\phi)}{\partial \xi} + \frac{\partial(Vh\phi)}{\partial \eta} = \frac{\partial}{\partial \xi}\left(\alpha \frac{\Gamma_\phi h}{J} \frac{\partial \phi}{\partial \xi}\right) + \frac{\partial}{\partial \eta}\left(\gamma \frac{\Gamma_\phi h}{J} \frac{\partial \phi}{\partial \eta}\right) + S_\phi \tag{8-6}$$

上述为水沙输移的基本方程，由于不同泥沙粒径的输移情况不同，本模型中采用分组粒径悬移质泥沙运动控制方程。

一般曲线分组粒径悬移质不平衡输沙方程为：

$$J \frac{\partial(hS_{si})}{\partial t} + \frac{\partial(UhS_{si})}{\partial \xi} + \frac{\partial(VhS_{si})}{\partial \eta} =$$

$$\frac{\partial}{\partial \xi}\left[\frac{\varepsilon_t h}{J}\left(\alpha \frac{\partial S_{si}}{\partial \xi} - \beta \frac{\partial S_{si}}{\partial \eta}\right)\right] + \frac{\partial}{\partial \eta}\left[\frac{\varepsilon_t h}{J}\left(-\beta \frac{\partial S_{si}}{\partial \xi} + \gamma \frac{\partial S_{si}}{\partial \eta}\right)\right] +$$

$$J\alpha_{si} \omega_i(S_{si} - S_{s*i}) \tag{8-7}$$

式中：S_{si} 为第 i 组粒径悬移质垂线平均含沙量；S_{s*i} 为第 i 组垂线悬移质挟沙力；α_{si} 为第 i 组悬移质泥沙恢复饱和系数；ω_i 为第 i 组粒径沉速。

相应的河床变形方程为：

$$\rho_s \frac{\partial z_c}{\partial t} = \sum \alpha_{si} \omega_{si}(S_{si} - S_{s*i}) \tag{8-8}$$

式中：α_{si} 为第 i 组悬移质泥沙恢复饱和系数；ρ_s 为泥沙干密度，kg/m³；z_c 为河床高程。

絮凝动力学方程采用第七章所述的群体平衡模型中的方程，即：

$$\theta(v,t) = \frac{1}{2}\int_0^v \alpha(v-u,u)\beta(v-u,u)N(v-u,t)N(u,t)\mathrm{d}u -$$

$$N(v,t)\int_0^\infty \alpha(v,u)\beta(v,u)N(u,t)\mathrm{d}u +$$

$$\int_v^\infty \zeta(u)\gamma_2(v,u)N(u,t)\mathrm{d}u - \zeta(v)N(v,t) \tag{8-9}$$

8.2　泥沙辅助方程

8.2.1　水流挟沙力公式

近年来,国内学者对径流河段和河口潮流区域水流挟沙力公式进行了大量研究。这些研究主要是基于 $S_{s*} = K\left(\dfrac{U^3}{gh\omega}\right)^m$ 和 $S_{s*} = K\left(\dfrac{U^2}{gh}\right)^m$ 形式的丰富或发展。本次全沙挟沙力方程如下:

$$S_{s*} = K\left(\frac{U^3}{gh\omega}\right)^m \tag{8-10}$$

式中:S_{s*} 为悬移质全沙挟沙力;U 为合流速;ω 为悬移质全沙群降速;K 为系数;m 指数。

分组挟沙力级配方程为:

$$P_{s*i} = \frac{\left(\dfrac{P_{ci}}{\omega_i}\right)^m}{\sum\left(\dfrac{P_{bi}}{\omega_i}\right)^m} \tag{8-11}$$

式中:P_{s*i} 为第 i 组粒径悬移质挟沙级配;P_{ci} 为第 i 组粒径床沙级配。

分组挟沙力方程为:

$$S_{s*i} = S_{s*i}P_{s*i} \tag{8-12}$$

8.2.2　沉降公式

泥沙单颗粒沉速采用斯托克斯沉速公式计算。

泥沙絮团沉速采用第 6 章提出的黏性泥沙絮团沉降公式,即

$$w = S_P \frac{(\rho_a - \rho_l)g}{18\mu} d_f^{D_F-1} d_0^{3-D_F}(1 - 6.55S_V) \tag{8-13}$$

泥沙群体沉降公式采用式(8-14):

$$w = \left(\sum P_{si}\omega_i^m\right)^{\frac{1}{m}} \tag{8-14}$$

8.3　计算方法

基于絮凝动力学的黏性泥沙二维输移模型采用河流数学模型中应用较多的破开算子法进行计算,首先根据初始和边界条件计算水流运动,接着根据计算得到的水流条件计算絮凝方程,得到新的泥沙级配曲线,最后根据前面得到的水流和泥沙粒径级配条件计算泥沙运动和河床变形方程,重复这一过程,直至达到设定的时间,其中水流泥沙运动方程采用 SIMPLE 方法计算,絮凝动力学方程采用自适应步长的龙格–库塔法计算。

8.4　相关问题说明

8.4.1　边界条件

在河流数学模型中,边界条件通常包括初始条件、进出口边界、岸边界和自由边界处理等。基于絮凝动力学的黏性泥沙二维输移模型中的边界条件如下:

(1)初始条件:初始条件及 $t=0$ 时的水流流速和水深,一般较难确定。实践中常假定初始流速为0,且赋予计算区域一定的水位,泥沙级配则通过分析实测资料得到。

(2)进出口边界:一般河道上边界采用进口断面流量过程,下边界采用出口断面水位过程。如果在计算区域中有旁侧入流,则一般在旁侧入流处添加入流流量过程。

(3)岸边界:岸边界为非滑移边界,采用不穿透条件,即给定沿岸边界的法向流速为0。

(4)自由边界:自由边界尽量选在流态比较平稳的地方,即出口流速梯度变化比较小的位置,模型使用 $\partial u/\partial\xi=0$ 和 $\partial v/\partial\eta=0$ 作为自由边界条件使用。

8.4.2　动边界处理

基于絮凝动力学的黏性泥沙二维输移模型采用"冻结"法进行动边界处理,即根据水位结点处河底高程来判断该网格单元是否露出水面。同时为了不影响水流控制方程的求解,在露出水面的结点处进行大系数处理。

在非恒定流过程中,由于干湿边界处水位一直处于涨跌之中,即干湿网格一直处于交替变化中,这需要确定一个水深标准来判别何处露出水面,何处又处于水面之下,该模型采用极小水深标准($h_{\text{limt}}=10^{-8}\,\text{m}$)可以较精确地辨别网格的干与湿。

采用极小水深干湿判别后,有些干湿边界处网格水深值将异常小,这会导致方程阻力项异常大或失真。为了处理这种情况,模型采用最小水深($h_{\text{crit}}=10^{-2}\,\text{m}$)来设置湿网格的水深值,当湿网格水深值小于最小水深值时,强行设置此处水深等于最小水深值,当湿网格水深值大于最小水深值时,不作处理(见图8-1)。

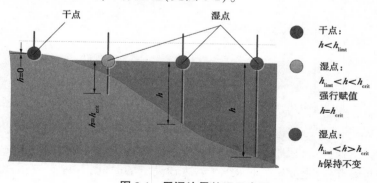

图 8-1　干湿边界处理示意图

8.4.3 糙率参数

糙率是水流和河床相互作用过程中反映河道边界粗糙情况、河道形态等所有影响水流阻力因素的综合参数。糙率系数的正确与否,直接影响到各水力要素的计算。

原则上糙率值随着水深的增加而减小,模型中糙率采用式(8-15)计算:

$$n = n' + \frac{k}{h} \tag{8-15}$$

式中:n' 为基本糙率;k 为调节系数,取值一般为 $0.01 \sim 0.02$;h 为每个位置处的水深。

8.4.4 紊动黏性系数

在二维水流计算中除确定糙率外,还要确定紊动黏性系数 μ_t,对岸线比较平顺的河段而言,紊动黏性系数可忽略不计,但对于岸线变化急剧、有回流产生的河段,紊动黏性系数的选择显得十分关键,这是因为回流的产生是以铅直面存在摩擦力为前提的,因此紊动黏性系数是决定实际流态中是否出现回流的关键参数,其取值与水流条件、网格大小等有关。

根据 Sgorinsky 公式,紊动黏性系数 μ_t 为:

$$\mu_t = (C_s \Delta)^2 \left[\left(\frac{\partial u}{\partial x} \right)^2 + \frac{1}{2} \left(\frac{\partial u}{\partial x} + \frac{\partial v}{\partial y} \right)^2 + \left(\frac{\partial v}{\partial y} \right)^2 \right]^{\frac{1}{2}} \tag{8-16}$$

式中:Δ 为网格大小;C_s 为 Smagorinsky 系数,建议取值 $0.25 \sim 1.0$。

悬移质泥沙紊动黏性系数,由于其与水流紊动黏性系数有着相同的物理实质,基于絮凝动力学的黏性泥沙二维输移模型取悬移质紊动黏性系数等于水流紊动黏性系数。

8.4.5 模型稳定条件

基于絮凝动力学的黏性泥沙二维输移模型虽然采用隐式的 SIMPLE 模式编制,但在一定程度上仍然受到 Courant number 的限制。如果时间步长(Δt)取值过小,计算太长;如果时间步长(Δt)取值过大,程序计算结果易出现收敛不够的现象,严重的可能使数值发散导致不稳定情形,而无法计算。因此,需要根据建议的 Courant number,求得适当的计算时间步长。

8.5 模型验证

8.5.1 计算范围

笔者选用长江口徐六泾河段和白茆沙汊道段作为基于絮凝动力学的黏性泥沙二维输移模型验证河段。由于上下游河段的影响,模型计算时上边界位于澄通河段的鹅鼻嘴,下边界位于北支跃进水闸和南支荡茜口附近。

8.5.2 验证资料

采用 2011 年 11 月地形作为起始地形,计算至 2014 年 9 月。计算上边界采用大通站实测流量和输沙率资料(见表 8-1),下边界采用相应控制站的实测潮位资料。

表 8-1 上边界水沙过程概化

编号	起止时间(年-月-日)	流量/(m³/s)	天数/d	输沙率/(t/s)
1	2011-11-26 至 2011-12-31	16 536	37	1.182
2	2012-01-01 至 2012-02-22	14 430	53	1.009
3	2012-02-23 至 2012-04-14	22 754	52	3.241
4	2012-04-15 至 2012-05-23	37 756	39	5.712
5	2012-05-24 至 2012-07-12	47 942	50	7.479
6	2012-07-13 至 2012-09-16	49 688	66	11.468
7	2012-09-17 至 2012-11-12	28 330	57	3.409
8	2012-11-13 至 2012-12-31	20 673	49	2.258
9	2013-01-01 至 2013-03-20	16 666	79	1.394
10	2013-03-21 至 2013-04-23	24 159	34	3.964
11	2013-04-24 至 2013-05-25	30 197	32	5.521
12	2013-05-26 至 2013-07-03	41 361	39	6.127
13	2013-07-04 至 2013-07-18	42 400	15	6.324
14	2013-07-19 至 2013-08-23	36 819	36	9.909
15	2013-08-24 至 2013-09-16	27 683	24	3.430
16	2013-09-17 至 2013-10-31	22 358	45	2.295
17	2013-11-01 至 2013-12-31	12 600	61	0.942
18	2014-01-01 至 2014-02-28	11 614	59	0.554
19	2014-03-01 至 2014-04-14	16 514	45	1.463
20	2014-04-15 至 2014-05-12	25 946	28	3.239
21	2014-05-13 至 2014-05-30	36 911	18	6.268
22	2014-05-31 至 2014-06-07	41 288	8	9.135
23	2014-06-08 至 2014-08-31	38 752	85	4.990

悬沙级配根据 2014 年 9 月实测水文资料得到,根据测量结果分析得到:测验河段悬

移质主要由粉砂组成,颗粒粒径较细,除部分测点外,各垂线大、中、小潮中值粒径变化差异不大,大多为 0.007~0.013 mm,图 8-2 给出了基于絮凝动力学的黏性泥沙二维输移模型中采用的悬移质泥沙级配曲线。

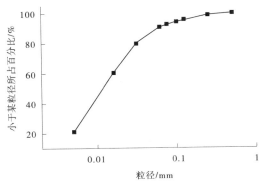

图 8-2　悬移质泥沙级配曲线

8.5.3　验证结果

验证内容包括典型测点含沙量和平面地形验证。表 8-2 为典型测点位置分布统计,其含沙量计算和实测值的对比如图 8-3 所示。表 8-3 给出了计算河段冲淤量对比情况。从图 8-2、表 8-2、表 8-3 中可以看出,除个别测点外,典型测点的含沙量计算值与实测值的变化基本一致,冲淤量计算误差符合泥沙模型计算规范要求,数学模型基本上复演了 2011 年 11 月至 2014 年 9 月的河床冲淤过程,模型可用于研究模拟黏性泥沙平面输移。

表 8-2　典型测点位置分布统计

测点名称	坐标		所处河段
	X	Y	
SW1	3 533 670.992 5	582 026.706 0	通州沙东水道
SW2	3 529 132.367 3	587 037.380 6	新开沙夹槽
SW3	3 530 256.585 5	577 234.102 2	通州沙西水道
SW4	3 528 019.000 0	587 850.000 0	新开沙夹槽
SW5	3 522 833.921 6	582 230.965 0	狼山沙西水道
SW6	3 514 082.000 0	600 183.000 0	徐六泾缩窄段
SW7	3 515 270.000 0	605 338.000 0	南北支分汊段
SW8	3 511 941.552 4	606 842.611 4	白茆沙南水道

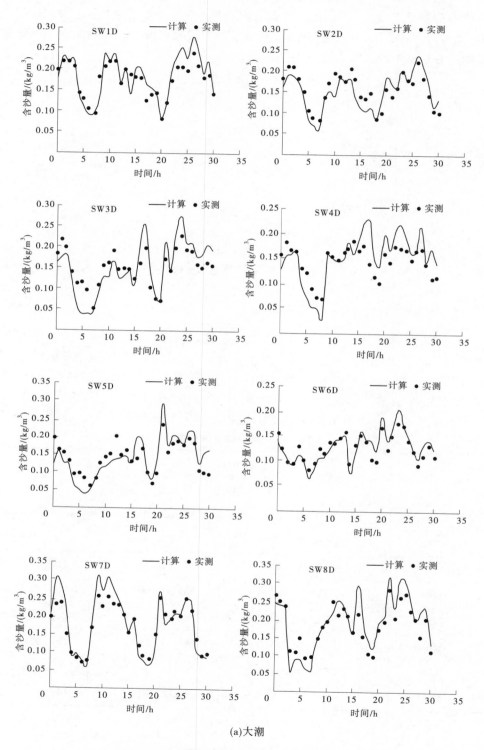

(a)大潮

图 8-3　典型测点含沙量计算值与实测值对比

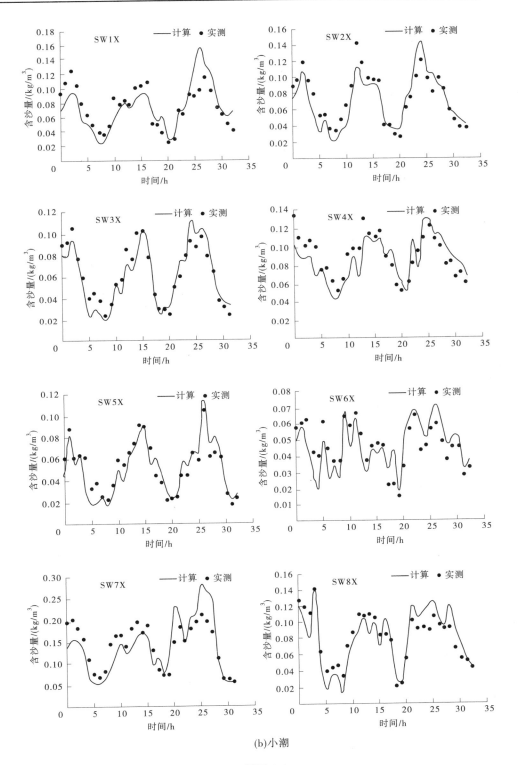

(b)小潮

续图 8-3

表 8-3　计算河段冲淤量对比

项目	江阴—天生港	天生港—常熟	常熟—苏通大桥	苏通大桥—杨林
实测值/万 m³	−5 127	−19 215	−1 639	−19 937
计算值/万 m³	−4 835	−20 854	−1 574	−21 245
偏差	9.1%	−6.7%	6.5%	−7.1%

8.6　模型应用

利用新建模型研究了前述验证河段内某管廊工程附近河床冲淤变化规律和趋势等，以期望为该工程规划、设计等提供技术支撑。

8.6.1　工程概况

管廊工程位于长江口徐六泾节点河段，上游为澄通河段通州沙汊道段，下游为长江口白茆沙汊道段。

线路平面有两个方案：方案一为直线方案，盾构隧道长度约 5 400 m，考虑纵坡影响，隧道实际长度约 5 402 m；方案二为绕避既有−50 m 深槽方案，盾构隧道长度约 5 600 m，考虑纵坡影响，隧道实际长度约 5 602 m（见图 8-4）。

8.6.2　计算方案

水沙条件代表性选择的正确与否，直接关系到模型计算成果的合理性，基于工程安全考虑和类似过江隧道工程研究成果，选择偏不利的典型年以及系列年进行计算模拟。

8.6.2.1　进口水沙条件

1. 典型年：百年一遇水文年

进口流量过程以 1998 年作为典型年，将大通水文站实测流量按洪峰流量放大法放大得到。具体做法为：按百年一遇洪峰流量与 1998 年最大洪峰的比值关系（放大系数为 95 300/81 200）放大 1998 年汛期（主要是 25 000 m³/s 流量以上洪水时段）来水过程，如图 8-5 所示。

由于研究河段没有泥沙观测固定测站，来沙主要采用上游大通站的泥沙资料。虽然大通至模型进口（江阴）有一段距离，但考虑到三峡水库蓄水后大通至江阴河段整体呈现冲刷状态，从大通至江阴沿程沙量是有所恢复的，因此本次研究选用大通站沙量代替江阴沙量，对于工程是偏安全的。

图 8-6 给出了三峡水库蓄水前、蓄水后大通站流量和床沙质输沙率的相关关系。由图 8-6 可知，三峡水库蓄水后大通站流量与输沙率的关系与蓄水前较为相似。与蓄水前相比，大通站同流量下床沙质输沙率蓄水后有所减小，但随着流量的增大，床沙质的输沙率也逐渐在恢复。因此，可以采用上述流量输沙率关系来推求典型洪水年对应的沙量过程。出于工程安全的考虑，采用流量输沙率关系的下包线作为沙量过程确定的依据。

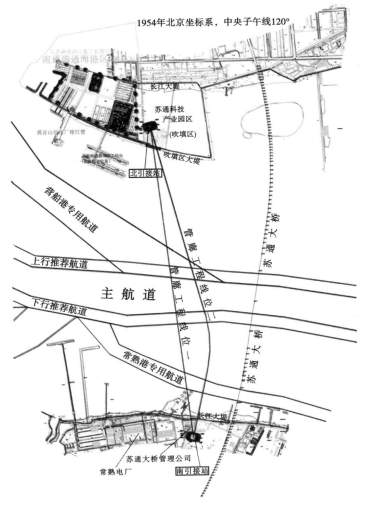

图 8-4　某管廊工程线位布置图

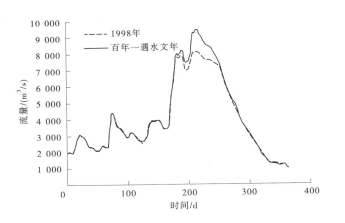

图 8-5　1998 年及百年一遇水文年洪水流量过程线

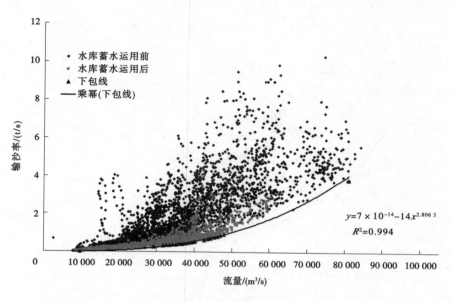

图 8-6　大通站流量与输沙率(床沙质)相关关系

图 8-7 给出了 1998 年含沙量过程以及按下包线推求的百年一遇沙量过程线。由图 8-7 可知,百年一遇洪水的含沙量过程线与 1998 年并不对应,产生差异的主要原因是:1998 年洪峰过程与沙峰过程存在一定错动,而这里确定的百年一遇的含沙量过程是考虑到水库蓄水运用后工程河段来沙的恢复依赖于河床补给,流量越大,从河床上冲起的泥沙也就越多,相应的含沙量也就越大。

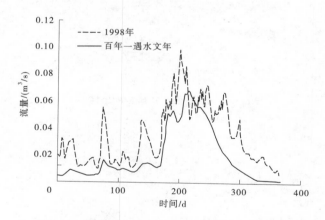

图 8-7　1998 年及百年一遇水文年含沙量过程线

2. 系列年

从蓄水后的 2004—2018 年来看(见表 8-4),2016 年为三峡运行以来径流量最大的年份,2011 年为三峡运行以来输沙量最小的年份。2009—2018 年基本涵盖了三峡运行以来径流量最大的年份(2016 年)、输沙量最小的年份(2011 年),按年水沙特性包含了中水中沙、中水小沙、小水小沙 3 种不同典型年份,可以代表三峡运行以来冲刷相对不利的系列年。2009—2018 年来沙采用实际沙量过程,百年一遇洪水过程的沙量确定采用前文所述方法确定,同时考虑大洪水影响,系列年来水条件选取"2009—2018 年+百年一遇水文年"。

表 8-4　大通站近年来水沙特性

年份	径流量/亿 m³	W_i/W_{pj}	输沙量/亿 t	S_i/S_{pj}	水沙特性
2004	7 852	0.92	1.46	1.13	中水中沙
2005	9 019	1.05	2.16	1.67	中水大沙
2006	6 875	0.80	0.85	0.66	小水小沙
2007	7 695	0.90	1.38	1.06	中水中沙
2008	8 262	0.96	1.30	1.00	中水中沙
2009	7 821	0.91	1.11	0.86	中水小沙
2010	10 218	1.19	1.85	1.43	大水大沙
2011	6 654	0.78	0.71	0.55	小水小沙
2012	9 997	1.17	1.62	1.25	中水中沙
2013	7 884	0.92	1.17	0.90	小水小沙
2014	8 921	1.04	1.20	0.93	中水小沙
2015	9 139	1.07	1.16	0.90	中水小沙
2016	10 455	1.22	1.52	1.17	大水中沙
2017	9 821	1.15	1.12	0.86	中水小沙
2018	8 028	0.94	0.83	0.64	小水小沙
2004—2018 年平均值	8 576	—	1.30	—	

8.6.2.2　出口水沙条件

由于研究河段受到径流和潮流影响,因此动床模拟计算的过程中必须考虑出口边界条件的选择,需要确定下边界的潮位过程以及含沙量过程。

1. 出口潮位过程

按大、中、小潮来选典型潮,从各水文年年内大、中、小潮的平均潮差等来选择相类似的潮位过程。选取过程中还考虑了最高潮差和月份分布的影响,在各典型年内选取了不同时段(洪、中、枯期)的大、中、小潮作为试验的代表潮型。

2. 出口沙量选择

出口边界沙量参考徐六泾站三峡水库蓄水后实测涨落潮沙量给出。根据实测资料统计,三峡水库蓄水后,徐六泾站含沙量总体呈减小的趋势,尤其是 2009 年后,明显减小。平均含沙量由 2003—2008 年的 0.1 kg/m³ 降至 2009—2017 年间的 0.05 kg/m³。出于对工程的安全考虑,本次出口边界选取涨落潮实测资料。

8.6.3　结果分析

8.6.3.1　深泓线变化

由于受龙爪岩控制,以及通州沙西水道整治工程、12.5 m 深水航道一期整治工程和铁皇沙整治工程实施的影响,百年一遇水文年后深泓线较河势没有发生大的变化。与起始地形深泓线相比,深泓线变化主要体现在:新开沙段深泓线继续向西偏移,但幅度不大,范围为 80~400 m;白茆沙头部深泓线分离点下移,下移幅度在 450 m 以内。工程线位附近河床深泓线呈右摆的趋势,摆幅不大,最大向右移动 100~200 m。

8.6.3.2　冲淤变化

图 8-8 给出了百年一遇水文年条件下工程河段河床平面冲淤地形。从图 8-8 中可以看出,百年一遇条件下工程附近段大部分河床呈普遍冲刷,冲刷幅度为 1.2~5.1 m,存在淤积的区域主要分布在通州沙东水道营船港段、白茆小沙尾部左侧河床及海门港附近河段,淤积厚度 0.8~3.0 m。与典型年相比,2009—2018 年+百年一遇水文年条件下工程附近段河床变化不大,主要是冲淤幅度有所增大,现分段描述如下。

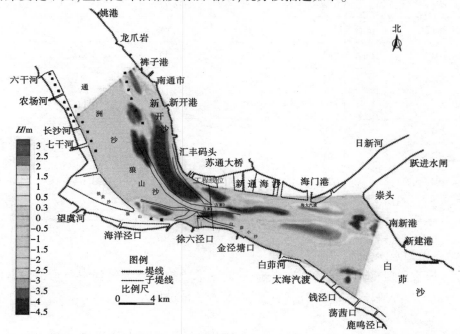

图 8-8　百年一遇水文年条件下工程河段河床平面冲淤地形

1. 通州沙东西水道汊道段

相对初始地形,通州沙东水道段形态没有发生大的调整,依然呈东西两汊,东水道为主汊格局。就冲淤分布来看,百年一遇水文年条件下,营船港段近岸水域有不同程度的淤积,淤积幅度为 1.0~3.0 m;新开沙以下主槽呈明显冲刷,冲刷幅度为 1.3~4.0 m;通州沙西水道及福山水道并没有呈现趋势性的变化,福山水道出口有所冲刷,上段呈微淤态势,通州沙西水道铁黄沙尾部有淤积,淤积厚度为 0.8~2.5 m,出口处呈现冲刷,幅度为 1.0~3.2 m。2009—2018 年+百年一遇水文年条件下,主要表现为狼山沙段深泓线往西南方向偏移,偏移幅度在 410 m 左右。

2.通常汽渡—新江海河段

该段深泓线基本居中,−20 m、−30 m 深槽贯穿,百年一遇水沙条件作用后,就河道断面形态来讲没有发生大的调整,多呈"V"型槽,深槽左侧大部分区域冲刷较为明显;深槽北岸边滩则是普遍有所冲刷,冲淤幅度为 0.5~3.8 m;深槽南岸边滩冲淤变化不大,在白茆小沙沙头发生了冲刷,白茆小沙左侧沙体冲淤幅度为 0.6~2.8 m,金泾塘水道呈微淤,淤积厚度为 0.3~1.2 m,其余部位则基本稳定。苏通大桥下游呈现较长距离的冲刷,冲深 3 m 的范围延至大桥下游 7.5 km 附近,冲刷较为明显的部位主要位于深槽,深槽两侧的岸滩有所淤积,淤积幅度为 0.5~2.0 m。2009—2018 年+百年一遇水文年条件下,−20 m 深槽有一定外扩、下延,最大外扩幅度约 140 m,下延距离 230 m。

3.新江海河—荡茜口段

该段为单一段向多级分汊河段的过渡段,白茆沙南水道为南支主汊,百年一遇水沙条件作用后,海门港附近河床及白茆小沙尾部及尾部左侧河床有淤积,淤积厚度为 0.8~3.0 m。至白茆沙头部及白茆沙南北水道进口则呈现较为明显的冲刷,白茆沙洲头部冲刷后退,往下游移动的距离约为 370 m,冲刷幅度为 0.9~3.9 m。

表 8-5 给出了不同试验条件下工程河段的冲淤量计算结果,从表 8-5 中可以看出,百年一遇水文年条件下,相对初始地形,龙爪岩—通常汽渡段有小幅度淤积,幅度在 1 205 万 m³,以平均河宽 9 000 m 计算,平均淤积 0.37 m;通常汽渡—新江海河段冲刷 4 515 万 m³,以平均河宽 4 600 m 计算,平均冲刷 1.48 m;新江海河—荡茜口段淤积 354 万 m³,以平均河宽 4 200 m 计算,平均淤积 0.15 m;龙爪岩—荡茜口段冲刷 2 956 万 m³,以平均河宽 5 500 m 计算,平均冲刷 0.94 m。2009—2018 年+百年一遇水文年条件下,冲淤变化相比前者而言,河床冲刷幅度有所增大,淤积幅度有所减小。

表 8-5　工程河段分段冲淤量统计　（计算水位:2 m）

河段范围	计算条件	冲淤量/万 m³	平均高程变化/m
龙爪岩—通常汽渡	百年一遇水文年	+1 205	+0.37
	系列年+百年一遇	+906	+0.28
通常汽渡—新江海河	百年一遇水文年	−4 515	−1.48
	系列年+百年一遇	−5 395	−1.77
新江海河—荡茜口	百年一遇水文年	+354	+0.15
	系列年+百年一遇	+238	+0.10
龙爪岩—荡茜口	百年一遇水文年	−2 956	−0.94
	系列年+百年一遇	−4 251	−1.35

注:"−"表示冲刷,"+"表示淤积。

8.6.3.3　典型等高线平面变化

根据典型等高线的变化可知,两种试验条件下典型等高线的变化差别不大,故以百年一遇水文年作用后为例详述工程附近河段等高线的变化。

1.－10 m 等高线变化

工程附近河段－10 m 等高线变化见图 8-9。由图 8-9 可以看出,百年一遇水文年作用后,两岸－10 m 等高线均向岸侧有不同程度的崩退,其中北岸侧－10 m 等高线的崩退幅度大于南岸侧,北岸侧－10 m 等高线往岸侧移动的最大距离约 250 m,南岸侧－10 m 等高线向岸侧移动的最大距离一般在 100 m 以内。

由于落潮时"大水冲滩"的作用,通州沙东水道末端的－10 m 等高线的范围有所缩小,其中长度减小了近 500 m,宽度减小了 280 m。常熟港专用航道－10 m 等高线头部位置相对固定,－10 m 等高线头部最大后退 180 m,－10 m 等高线往上游回退的幅度较大,－10 m 等高线尾部最大上提距离达 2.6 km,呈淤积态势。福山水道进口处－10 m 等高线也呈现向岸侧移动的趋势,该水道进口呈冲刷态势。另外,海太汽渡附近局部－10 m 等高线向江中有所偏移,该区域正好位于长江口北支上溯潮流与主流的交汇处,在百年一遇典型年水沙条件下呈现不同程度的淤积。

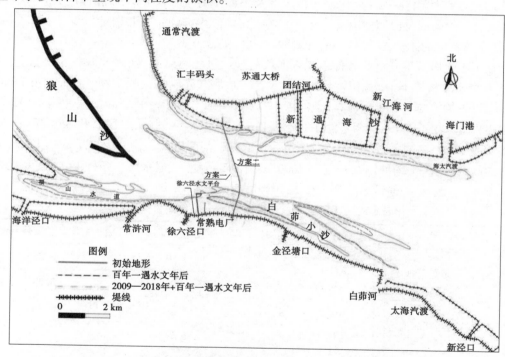

图 8-9　不同试验条件下工程附近河段－10 m 等高线变化

2.－20 m 等高线变化

百年一遇水文年作用后－20 m 深槽范围有所增大,深槽头部上提了约 600 m,深槽尾部位置左移,顺水流方向位置变化不大,深槽最大宽度增至 2.3 km(见图 8-10)。

3.－30 m 等高线变化

与－20 m 等高线变化类似,百年一遇水文年作用后,其范围也有所增大(见图 8-11),

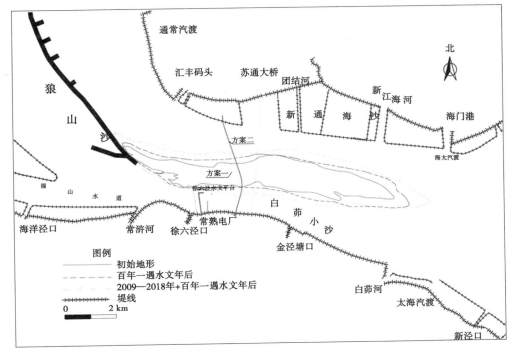

图 8-10　不同试验条件下工程附近河段-20 m 等高线变化

深槽头部上提了 780 m,槽尾下移了 580 m,典型年末深槽长度增大至 12.36 km,宽度略有增加,为 1.1 km,说明-30 m 深槽横向位置较为稳定,纵向上有所发展延伸。

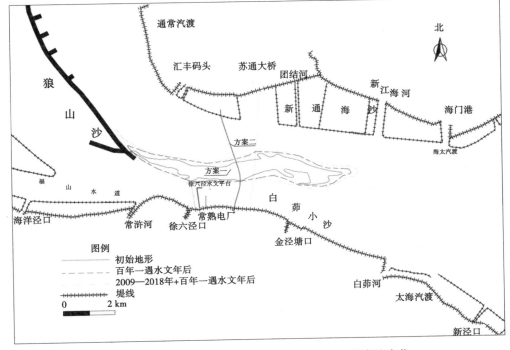

图 8-11　不同试验条件下工程附近河段-30 m 等高线变化

4. -40 m、-45 m 和-50 m 等高线变化

百年一遇水文年作用后,工程附近的深槽主要以冲刷为主,为了更加直观地比较各试验条件的深槽变化情况(见图 8-12~图 8-14),表 8-6 为工程线位附近深槽特性统计,百年一遇水文年作用后,与初始地形相比,-40 m 深槽长度增加了 628 m;宽度增加了 128 m;-45 m 深槽长度增加了 536 m;宽度增加了 76 m;-50 m 深槽长度增加了 460 m,宽度增加了 66 m,最深点高程冲深了 2.6 m。试验结果表明:起始地形条件下,线位一穿越-50 m 深槽,线位处槽宽 112 m,百年一遇水文年作用后,线位处-50 m 槽宽 211 m;起始地形条件下,-50 m 深槽未到达线位二,距离约 326 m,百年一遇水文年作用后,-50 m 深槽槽尾到达线位二附近,槽宽约 43 m。

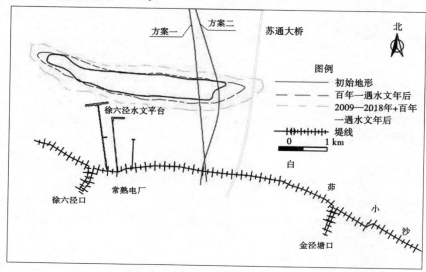

图 8-12　不同试验条件下工程附近河段-40 m 等高线变化

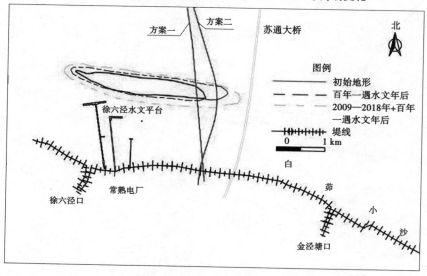

图 8-13　不同试验条件下工程附近河段-45 m 等高线变化

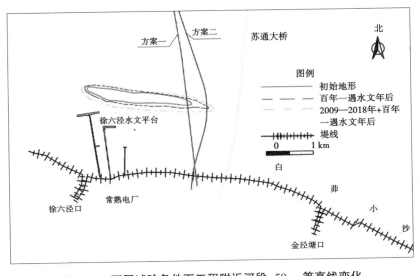

图 8-14　不同试验条件下工程附近河段-50 m 等高线变化

表 8-6　工程线位附近深槽特性统计

项目		起始地形	百年一遇	系列年（2009—2018+百年一遇）
-40 m 深槽	长度/m	3 774	4 402	4 682
	宽度/m	492	620	804
-45 m 深槽	长度/m	2 747	3 283	3 678
	宽度/m	358	434	623
-50 m 深槽	长度/m	2 260	2 720	2 924
	宽度/m	265	331	418
最深点高程/m		-61	-63.6	-67.3

8.6.3.4　工程线位断面变化

工程线位断面地形变化主要表现为北岸侧岸滩的冲淤和河槽的普遍刷深，深槽南侧边滩冲淤幅度不大（见图 8-15～图 8-16）。

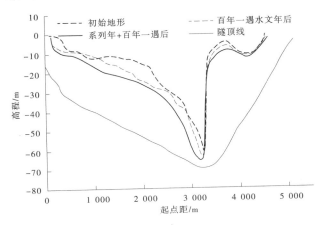

图 8-15　不同试验条件下工程线位一横断面变化

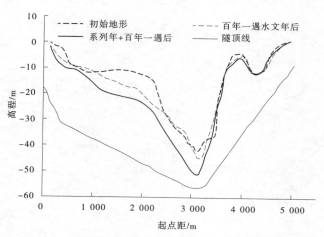

图 8-16 不同试验条件下工程线位二横断面变化

百年一遇水文年条件下,工程线位一断面较起始地形冲深了 7.3 m,最深点位置平面摆幅为 116 m;工程线位二断面较起始地形冲深了 8.0 m,最深点位置平面摆幅为 140 m。2009—2018 年+百年一遇水文年条件下,工程线位一断面最深点较起始地形冲深了 9.5 m,最深点位置平面摆幅为 155 m;工程线位二断面较起始地形分别冲深了 10.2 m,最深点位置平面摆幅约 160 m。

8.7 小 结

(1)结合絮凝动力学方程、水流动力学方程、泥沙运动方程、河床变形方程等建立了基于絮凝动力学的黏性泥沙二维输移模型,采用破开算子法进行计算模型,并利用实测资料对模型进行了验证。

(2)利用新建模型基于絮凝动力学的黏性泥沙二维输移模型研究了某管廊工程附近河段河床冲淤、典型等高线、线位横断面形态等的变化规律。

参考文献

[1] 安韶山,张扬,郑粉莉.黄土丘陵区土壤团聚体分形特征及其对植被恢复的响应[J].中国水土保持科学,2008,6(2):66-70.

[2] 柴朝晖,杨国录,陈萌.基于SEM图像的细颗粒泥沙絮体三维分形研究及其应用[J].四川大学学报(工程科学版),2012,44(1):88-92.

[3] 柴朝晖,杨国录,陈萌,等.均匀切变水流对黏性细颗粒泥沙絮凝的影响研究[J].水利学报,2012,43(10):1194-1201.

[4] 柴朝晖,杨国录,陈萌,等.黏性细颗粒泥沙静水絮凝-沉降模拟[J].四川大学学报(工程科学版),2012,44(Suppl1):48-53.

[5] 常青,傅金镒,郦兆龙.絮凝原理[M].兰州:兰州大学出版社,1993.

[6] 陈沈良,谷国传,张国安.长江口南汇近岸水域悬沙沉降速度估算[J].泥沙研究,2003(6):45-51.

[7] 丁武泉,李强,李航.表面电位对三峡库区细颗粒泥沙絮凝沉降的影响[J].土壤学报,2010,47(4):698-702.

[8] 方红卫,陈明洪,陈志和.环境泥沙的表面特性与模型[M].北京:科学出版社,2009.

[9] 方红卫,尚倩倩,府仁寿,等.泥沙颗粒生长生物膜后起动的实验研究:起动流速的计算[J].水科学进展,2011,22(3):301-306.

[10] 方红卫,尚倩倩,赵慧明,等.泥沙颗粒生长生物膜后沉降的试验研究——Ⅱ.沉降速度计算[J].水科学进展,2012,43(4):386-391.

[11] 费祥俊.泥沙的群体沉降——两种典型情况下非均匀沙沉速计算[J].泥沙研究,1992(3):11-19.

[12] 关许为,陈英祖,林以安,等.长江口泥沙絮凝体的现场显微观测[J].泥沙研究,1992(3):54-59.

[13] 郭超.黏性泥沙絮凝沉降过程与控制机制研究[D].上海:华东师范大学,2018,10-14.

[14] 胡纪华,杨兆禧,郑忠.胶体与界面化学[M].广州:华南理工大学出版社,1997:1-5.

[15] 黄磊,方红卫,陈明洪.泥沙颗粒表面电荷分布的初步研究[J].中国科学:技术科学,2012,42(4):395-410.

[16] 黄荣敏,陈立,卢炜娟.泥沙颗粒表面电荷特性及其对干容重影响试验研究[J].水科学进展,2007,18(6):807-811.

[17] 季冰,肖许沐,黎忠.疏浚淤泥的固化处理技术与资源化利用[J].安全与环境工程,2010,17(2):54-56.

[18] 江恩惠,李军华,曹永涛,等.黄河"揭河底"机制研究及室内模拟试验[J].水利学报,2010,41(2):182-188.

[19] 蒋国俊,姚炎明,唐子文.长江口细颗粒泥沙絮凝沉降影响因素分析[J].海洋学报,2002,24(4):51-57.

[20] 蒋书文,姜斌,郑昌琼,等.磨损表面形貌的三维分形维数计算[J].摩擦学学报,2003,23(6):533-536.

[21] 雷文韬,夏军强,谈广鸣.考虑黏性泥沙运动的黄河口二维水沙输移数学模型[J].武汉大学学报(工学版),2013,46(4):430-436.

[22] 刘大有.关于颗粒悬浮机制和悬浮功的讨论[J].力学学报,1999,31(6):661-670.

[23] 刘红,何青,王亚,等.长江河口悬浮泥沙的混合过程[J].地理学报,2012,67(9):1269-1281.

[24] 刘立新,黄鹤鸣.长江"百船工程"船舶选型研究[J].人民长江,1993,30(8):37-38.

[25] 卢金友,徐海涛,姚仕明.天然河道紊动特性分析[J].水利学报,2005,36(9):1029-1034.

[26] 陆永军,窦国仁,韩龙喜,等.三维紊流悬沙数学模型及应用[J].中国科学 E 辑:技术科学,2004,34(3):311-328.

[27] 钱宁,万兆惠.泥沙运动力学[M].北京:科学出版社,2003.

[28] 钱宁.高含沙水流运动[M].北京:清华大学出版社,1989,30-84.

[29] 钱清华.布朗运动的几种解释[J].连云港职业大学学报,1993(3):42-43.

[30] 时钟,周宏强.长江口北槽口外悬沙浓度垂线分布的数学模拟[J].海洋工程.2000,18(3):57-62.

[31] 时钟,凌鸿烈.长江口细颗粒悬沙浓度垂向分布[J].泥沙研究,1999(4):59-64.

[32] 时钟.长江口北槽细颗粒悬沙絮凝体的沉速的近似估计[J].海洋通报,2004,23(5):51-58.

[33] 中华人民共和国水利部.河流泥沙颗粒分析规程:SL 42—2010[S].北京:中国水利水电出版社.2010.

[34] 中华人民共和国水利部西北水利科学研究院,水利水电科学研究院泥沙所,山西省水利科学研究所.中小型水库设计与管理中的泥沙问题[M].北京:科学出版社,1983.

[35] 谈广鸣,赵连军,韦直林,等.海河口平面二维潮流水沙数学模型研究[J].水动力学研究与进展(A辑).2005,20(5):545-550.

[36] 王党伟,吉祖稳,邓安军,等.絮凝对三峡水库泥沙沉降的影响[J].水利学报,2016,47(11):1389-1396.

[37] 王元叶.长江口近底边界层观测研究[D].上海:华东师范大学,2004.

[38] 王允菊.长江口悬浮泥沙的电荷特征[J].东海海洋,1983,4(1):23-28.

[39] 王兆印,王文龙,田世民.黄河泥沙矿物成分与分布规律[J].泥沙研究,2007(5):1-8.

[40] 吴荣荣,李九发,刘启贞,等.钱塘江河口细颗粒泥沙絮凝沉降特性研究[J].海洋湖沼通报,2007(3):29-34.

[41] 武汉水利电力学院.河流模拟[M].北京:水利电力出版社,1990.

[42] 夏震寰,宋根培.离散颗粒与絮凝体相结合的沉降特性[C].第二次河流泥沙国际学术讨论会论文集,1983,253-264.

[43] 徐健益,陶学为,方良田,等.长江口南支非均匀沙垂向分层的数学模型[J].泥沙研究,1995(6):74-79.

[44] 徐思思,潘建.悬移质含沙量沿垂线的分布理论研究[J].西部交通科技,2012,57(4):63-69.

[45] 许春阳,罗雯,陈永平,等.细颗粒泥沙制约沉降速度计算方法综述[J].泥沙研究,2022,47(1):73-80.

[46] 严冰,张庆河.基于有限掺混长度概念的悬沙浓度垂向分布研究[J].泥沙研究,2008(1):9-16.

[47] 杨铁笙,李富根,梁朝皇.黏性细颗粒泥沙静水絮凝沉降生长的计算机模拟[J].泥沙研究,2005(4):14-20.

[48] 杨铁笙,熊祥忠,詹秀玲,等.黏性细颗粒泥沙絮凝研究概述[J].水利水运工程学报,2003(2):65-77.

[49] 杨耀天.细颗粒泥沙静水沉降实验研究[D].杨凌:西北农林科技大学,2017.

[50] 杨云平,李义天,王东,等.长江口悬沙有效沉速时空变化规律[J].水利水运工程学报,2012(5):24-29.

[51] 姚仕明,卢金友,徐海涛.天然河道紊动扩散系数研究[J].长江科学院院报,2008,25(1):12-15.

[52] 尹倩瑜,龚政,李欢,等.长江口北支河段潮汐不对称性分析[J].人民长江,2013,44(21):81-84.

[53] 余立新,张金凤,张庆河,等.有机质对絮团形态影响的试验研究[J].电子显微学报,2020,39(2):158-163.

[54] 张红武,江恩惠,白咏梅,等.黄河高含沙洪水模型的相似律[M].郑州:河南科学技术出版社,1994.

[55] 张宏,柳燕华,杜冬菊.基于孔隙特征的天津滨海软黏土微观结构研究[J].同济大学学报(自然科学版),2010,38(10):1444-1449.

[56] 张金凤,张庆河,乔光全.水体紊动对黏性泥沙絮凝影响研究[J].水利学报,2013,44(1):67-72.

[57] 张金良.黄河水库水沙联合调度问题研究[D].天津:天津大学,2004.

[58] 张艳,张志南,华尔.南黄海小型底栖动物分布及其与环境因子的关系[J].中国农学通报,2009,25(19):323-329.

[59] 长江水利委员会长江科学院.淮南—南京—上海1 000 kV交流特高压苏通GIL管廊工程防洪影响评价[R].武汉:长江水利委员会,2016.

[60] 赵金箫,杨国录.细颗粒泥沙絮团粒径计算新方法[J].华中科技大学学报(自然科学版),2017,45(7):41-45.

[61] 赵明.黏性细颗粒泥沙的絮凝及对河口生态的影响研究[D].北京:清华大学,2010.

[62] 郑旭荣,邓志强,申继红.顺直河流横向紊动扩散系数[J].水科学进展,2002,13(6):670-674.

[63] 朱传芳.悬沙垂向扩散系数的实验研究[D].上海:华东师范大学,2007.

[64] 朱伟,闵凡路,吕一彦,等."泥科学与应用技术"的提出及研究进展[J].岩土力学,2013,34(11):3041-3054.

[65] Allain C, Cloitre M, Wafra M. Aggregation and sedimentation in colloidal suspensions[J]. Physical Review Letters, 1995, 74(8): 1478-1481.

[66] Annane S, St-Amand L, Starr M, et al. Contribution of transparent exopolymeric particles (TEP) to estuarine particulate organic carbon pool[J]. Marine Ecology Progress, 2015, 529: 17-34.

[67] Azetsu-Scott K, Passow U. Ascending Marine Particles: Significance of Transparent Exopolymer Particles (TEP) in the Upper Ocean[J]. Limnology and Oceanography, 2004, 49(3): 741-748.

[68] Bale A J, Uncles R J, Widdows J, et al. Direct observation of the formation and break-up of aggregates in an annular flume using laser reflectance particle sizing[J]. Proceedings in Marine Science-Fine Sediment Dynamics in the Marine Environment, 2002, 5: 189-201.

[69] Batchelor G K. Sediment in a dilute polydisperse system of interacting spheres. Part 1. General theory[J]. Journal of Fluid Mechanics, 1982, 119(7): 379-408.

[70] Buscombe D, Masselink G. Grain-size information from the statistical properties of digital images of sediment[J]. Sedimentology, 2008, 56(2):421-438.

[71] Chandrasekhar S. Hydrodynamic and Hydromagnetic Stability[M]. Clarendon, Oxford,1961.

[72] Chao X B, Jia Y F, Douglas S J, et al. Three-dimensional numerical modeling of cohesive sediment transport and wind wave impact in a shallow oxbow Lake[J]. Advances in Water Resources, 2008, 31(7): 1004-1014.

[73] Chen M H, Fang H W, Huang L. Surface charge distribution and its impact on interactions between sediment particles[J]. Ocean Dynamics, 2013, 63(9-10): 1113-1121.

[74] Chen S, Eisma D. Fractal geometry of in situ flocs in the estuarine and coastal environments[J]. Netherlands Journal of Sea Research, 1995, 33(2): 173-182.

[75] Chen W, Fisher R R, Berg J C. Simulation of particle size distribution in an aggregation-breakup process[J]. Chemical Engineering Science, 1990, 45(9): 3003-3006.

［76］Colomer J, Peters F, Marrasé C. Experimental analysis of coagulation of particles under low-shear flow ［J］. Water Research, 2005, 39(13), 2994-3000.

［77］Dankers P J T, Winterwerp J C. Hindered settling of mud flocs: Theory and validation［J］. Continental Shelf Research. 2007, 27(14): 1893-1907.

［78］Dathe A, Tarquis A M, Perrier E. Multifractal analysis of the pore and solid phases in binary two-dimensional images of natural porous structures［J］. Geoderma, 2006, 134(3-4): 318-326.

［79］Eisma D. Flocculation and de-flocculation of suspended matter in estuaries［J］. Netherlands Journal of Sea Research, 1986, 20 (2-3): 183-199.

［80］Fang H W, Huang L, Wang J Y, et al. Environmental assessment of heavy metal transport and transformation in the Hangzhou Bay, China［J］. Journal of Hazardous Materials, 2016, 302(17): 447-457.

［81］Feder J. Fractals［M］. New York: Plenum, 1988.

［82］Fischer H B, List E J, Koh R C Y, et al. Mixing in inland and coastal waters［M］. New York: Academic Press, 1979.

［83］Förstner U, Calmano W. Characterisation of dredged materials［J］. Water Science and Technology, 1998, 38(11): 149-157.

［84］Francois R J. Strength of aluminum hydroxide flocs［J］. Water Research, 1987, 21(9): 1023-1030.

［85］Gourgue O, Baeyens W, Chen M S, et al. A depth-averaged two-dimensional sediment transport model for environmental studies in the Scheldt Estuary and tidal river network［J］. Journal of Marine Systems, 2013, 128(1): 27-39.

［86］Gratiot N, Bildstein A, Anh T T, et al. Sediment flocculation in the Mekong River estuary, Vietnam, an important driver of geomorphological changes［J］. Comptes Rendus Geoscience, 2017, 349(6-7):260-268.

［87］Guo C, He Q, Guo L C, et al. A study of in-situ sediment flocculation in the turbidity maxima of the Yangtze Estuary［J］. Estuarine Coastal & Shelf Science, 2017, 191(5):1-9.

［88］Guo L C, He Q. Freshwater flocculation of suspended sediments in the Yangtze River, China［J］. Ocean Dynamics, 2011, 61(2-3): 371-386.

［89］Heiliger C S. A numerical and experimental study of differential settling in cohesive sediments［D］. America: Clemson University. 2010.

［90］Huang H. Fractal properties of flocs formed by fluid shear and differential settling［J］. Physics of Fluids, 1994, 10(6): 3229-3234.

［91］Imre A R. Artificial fractal dimension obtained by using perimeter-area relationship on digitalize d images ［J］. Applied Mathematics and computation, 2006, 173(1): 443-449.

［92］Iversen M H, Ploug H. Ballast minerals and the sinking carbon flux in the ocean: carbon-specific respiration rates and sinking velocity of marine snow aggregates［J］. Biogeosciences, 2010, 7(7): 2613-2624.

［93］Jarvis P, Jefferson B, Gregory J, et al. A review of floc strength and breakage［J］. Water Research, 2005, 39(4): 3121-3137.

［94］Julien C, Marc M. A three-dimensional numerical model for dense granular flows based on the $\mu(I)$ rheology［J］. Journal of Computational Physics, 2014, 256: 696-712.

［95］Khelifa A, Hill P S. Models for effective density and settling velocity of flocs［J］. Journal of Hydraulic Research, 2006, 44: 390-401.

［96］Kim A S, Stolzenbach K D. Aggregate formation and collision efficiency in differential settling［J］. Journal of Colloid and Interface Science, 2004, 271(1): 110-119.

［97］Kiørboe T. Formation and fate of marine snow: small-scale processes with large-scale implications ［J］. Scientia Marina, 2001, 65(5): 57-71.

［98］Kirby R,Parker W R. Distribution and behavior of fine sediment in the Severn Estuary and Inner Bristol Channel, U. K[J]. Canadian Journal of Fishery and Aquatic Sciences, 1983,40(Suppl. 1): 83-95.

［99］Kirby R,Parker W R. Distribution and behavior of fine sediment in the Severn Estuary and Inner Bristol Channel, U. K[J]. Canadian Journal of Fishery and Aquatic Sciences, 1983, 40(Suppl. 1): 83-95.

［100］Kranenburg C. Effect of floc strength on viscosity and deposition of cohesive sediment suspensions[J]. Continental Shelf Research, 1999, 16: 1665-1680.

［101］Kranenburg, C. The fractal structure of cohesive sediment aggregates[J]. Estuarine, Coastal and Shelf Science, 1994(39): 451-460.

［102］Krishnappan B G,Willis D H. Numerical modelling of cohesive sediment transport in rivers[J]. Canadian Journal of Civil Engineering, 2004, 31(5): 749-758.

［103］Kumar R G,Strom K B,Keyvani A. Floc properties and settling velocity of San Jacinto estuary mud under variable shear and salinity conditions[J]. Continental Shelf Research, 2010, 30: 2067-2081.

［104］Lau Y L, Krishnappen B G. Size distribution and settling velocity of cohesive sediments during settling ［J］. Journal of Hydraulic Engineering, 1992, 30(5): 673-684.

［105］Lee B J, Jin H, Toorman E A. Seasonal variation in flocculation potential of river water: roles of the organic matter pool ［J］. Water, 2017, 9(5): 335(1-14).

［106］Leone R, Odriozola G, Mussio L, et al. Coupled aggregation and sedimentation processes: three-dimensional off-lattice simulations[J]. The European Physical Journal, 2002, 7(2): 153-161.

［107］Lick W. Sediment and Contaminant Transport in Surface Waters[M]. CRC Press, America: Boca Raton, 2009.

［108］Lister J D, Smit D J, Hounslow M J. Adjustable discretized population balance for growth and aggregation[J]. AIChE Journal, 1995, 41(3): 591-603.

［109］Liu Q Z, Li J F, Dai Z J, et al. Flocculation process of fine-grained sediments by the combined effect of salinity and humus in the Changjiang Estuary[J]. Acta Oceanologica Sinica, 2007, 26(1): 140-149.

［110］Logan B E,Kilps J R. Fractal dimension of aggregates formed in different fluid mechanical environments ［J］. Water Research, 1995, 29(2): 443-453.

［111］Maggi F,Tang F H M. Analysis of the effect of organic matter content on the architecture and sinking of sediment aggregates ［J］. Marine Geology, 2015, 363(5): 102-111.

［112］Manning, A. J. , Friend,et al. Estuarine mud flocculation properties determined using an annular mini-flume and the LabSFLOC system[J]. Continental Shelf Research, 2007, 27: 1080-1095.

［113］Margalef R. Limnology now: A paradigm of planetary problems[M]. Amsterdam, Elsevier, 1994.

［114］Matsuo T, Unno H. Forces acting on floc and strength on of floc[J]. Journal of Environmental Engineering Division, 1981, 107(3): 527-545.

［115］Matsuo T, Unno H. Forces acting on floc and strength on of floc[J]. Journal of Environmental Engineering Division, 1981, 107(3): 527-545.

［116］Mehta A J,Lee S C. Problems in linking the threshold condition for the transport ofcohesionless and cohesive sediment grain[J]. Journal of Coastal Research, 1993, 10(1): 170-177.

［117］Mhashhash A, Bockelmann-Evans B, Pan S. Effect of hydrodynamics factors on sediment flocculation processes in estuaries[J]. Journal of Soils and Sediments, 2018,18:3094-3103.

[118] Mietta F, Chassagne C, et al. Influence of shear rate, organic matter content pH and salinity on mud flocculation[J]. Ocean Dynamics, 2009, 59(5): 751-763.

[119] Moncho-Jordá, A, Odriozola G, et al. The DLCA-RLCA transition arising in 2D-aggregation: simulations and mean field theory[J]. The European Physical Journal E, 2001, 54: 471-480.

[120] Montero E. Rényi dimensions analysis of soil particle-size distributions[J]. Ecological Modelling, 2005, 182(3-4): 305-315.

[121] Nam P T, Larson M, Hanson H, et al. A numerical model of nearshore waves, currents, and sediment transport[J]. Coastal Engineering, 2009, 56(11-12):1084-1096.

[122] Neihof R A, Loeb G I. The surface charge of particulate matter in seawater[J]. Limnology and Oceanography, 1972, 17(1): 7-16.

[123] Odriozola G, Leone R, Schmitt A, et al. Coupled aggregation and sedimentation processes: The sticking probability effect[J]. Physical Review E, 2003, 67: 1-15.

[124] Ohshima H. Electrostatic interaction between two dissimilar spheres with constant surface Charge Density[J]. Journal of Colloid and Interface Science, 1995, 170(2): 432-439.

[125] Pardo M A D L, Sarpe D, Winterwerp J C. Effect of algae on flocculation of suspended bed sediments in a large shallow lake. Consequences for ecology and sediment transport processes [J]. Ocean Dynamics, 2015, 65(6): 889-903.

[126] Peng S J, Willoams R A. Direct measurement of floc breakage in flowing suspensions[J]. Journal of Colloid and Interface Science, 1994, 166(2): 321-332.

[127] Perlin A, Moum J N, Klymak J M, et al. A modified law-of-the-wall applied to oceanic bottom boundary layers[J]. Journal of Geophysical Research, 2005, 110, No(C10S10): 1-9.

[128] Priya K L, Jegathambal P, James E J. On the factors affecting the settling velocity of fine suspended sediments in a shallow estuary[J]. Journal of Oceanography, 2015, 71(2):163-175.

[129] Righetti M, Lucarelli C. May the shields theory be extended to cohesive and adhesive benthic sediments? [J]. Journal of geophysical research, 2007, 112(C05039): 1-14.

[130] Safak I, Allison M A, Sheremet A. Floc variability under changing turbulent stresses and sediment availability on a wave energetic muddy shelf[J]. Continental Shelf Research, 2013, 53: 1-10.

[131] Serra T, Colomer J, Casamitjana X. Aggregation and breakup of particles in a shear flow[J]. Journal of Colloid and Interface Science, 1997, 187(2): 466-473.

[132] Shin H, Son M, Lee G H. Stochastic Flocculation Model for Cohesive Sediment Suspended in Water [J]. Water, 2015, 7(8):1-8.

[133] Smoluchowski M. Versuch einer mathematischen theorie der koagulations kinetik kolloider lösungen[J]. Z Phys Chem, 1917, 92: 129-168.

[134] Sobeck D C, Higgins M J. Examination of three theories for mechanisms of cation-induced bio flocculation[J]. Water Research, 2002, 36(3): 527-538.

[135] Son M, Hsu T J. The effect of flocculation and bederodibility on modeling cohesive sediment resuspension[J]. Journal of Geophysical Research, 2011, 116(C03021): 1-18.

[136] Son M, Hsu T J. The effect of variable yield strength and variable fractal dimension on flocculation of cohesive sediment[J]. Water Research, 2009, 43(14): 3582-3592.

[137] Son M, Hsu T J. The effect of variable yield strength and variable fractal dimension on flocculation of cohesive sediment[J]. Water Research, 2009, 43: 3582-3592.

[138] Spicer P T, Pratsinis S E. Shear-induced flocculation: The evolution of floc structure and the shape of

the size distribution at steady state[J]. Water Research, 1996, 30: 1049-1056.

[139] Stankovich J, Carnie S L. Electrical double layer interaction between dissimilar spherical colloidal arti- cles and between a aphere and a plate: nonlinear poisson-boltzmann theory[J]. Langmuir, 1996, 12 (6): 1453-1461.

[140] Stone M, Krishnappan B G. Floc morphology and size distributions of cohesive sediment in steady- state flow[J]. Water Research, 2003, 37(11): 2739-2747.

[141] Stumm W. Chemistry of the Solid-Water interface[M]. New York, USA: John Wiley & Sons, inc, 1992.

[142] Tambo N, Hozumi H. Physical Characteristics of Flocs—II. Strength of Floc[J]. Water Research, 1979, 13(5): 421-427.

[143] Tambo N, Watanabe Y. Physical aspect of flocculation process—I: Fundamental treatise[J]. Water Research, 1979, 13(5): 429-439.

[144] Tambo N, Watanabe Y. Physical characteristics of flocs—I. the floc density function and aluminum floc [J]. Water Research, 1979, 13(5): 409-419.

[145] Vahedi A, Gorczyca B. Predicting the settling velocity of flocs formed in water treatment using multiple fractal dimension[J]. Water Research, 2012, 46(13): 4188-4194.

[146] Whitehouse R, Soulsby R, William R, et al. Dynamics of Estuarine muds: A manual for practical applica- tions[M]. London: Thomas Telford, 2000.

[147] Winterwerp J C, Van Kesteren W G M, Van Prooijen B, et al. A conceptual framework for shear flow-in- duced erosion of soft cohesive sediment beds [J]. Journal of Geophysical Research, 2012, 117 (C10020): 1:17.

[148] Winterwerp J C. A simple model for turbulence induced flocculation of cohesive sediment[J]. Journal of Hydraulic Research, 1998, 36(3): 309-326.

[149] Winterwerp J C. On the flocculation and settling velocity of estuarine mud[J]. Continental Shelf Re- search, 2002, 22:1339-1360.

[150] Witten T A, Sander L M. Diffusion limited aggregation a kinetic critical phenomenon[J]. Physical Re- view Letters, 1981, 47(19): 1400-1403.

[151] Wu H, Lattuadab M, Morbidelli M. Dependence of fractal dimension of DLCA clusters on size of prima- ry particles[J]. Advances in Colloid and Interface Science, 2013, 195-196: 41-49.

[152] Yuan Y, Farnood R R. Strength and breakage of activated sludge flocs[J]. Power technology, 2010, 199: 111-119.

[153] Zhang J F, Maa P Y, Zhang Q H, et al. Direct numerical simulations of collision efficiency of cohesive sediments[J]. Estuarine, Coastal and Shelf Science, 2016, 178: 92-100.

[154] Zhang J F, Zhang Q H, Maa P Y, et al. Lattice Boltzmann simulation of turbulence-induced floccula- tion of cohesive sediment[J]. Ocean Dynamics, 2013, 63(9-10): 1123-1135.

[155] Zhang Z B, Sisk M L, Mashmoushy H, et al. Characterization of the breaking force of latex particle ag- gregates by micromanipulation[J]. Particle and Particle Systems Characterization, 1999, 16(6): 278- 283.